Klett
Die Mathe-Helden

Mathe-Testblock
So gut bin ich! 1. Klasse

Rechnen und Mathematik in der Grundschule,
Mit Punktesystem wie in der Schule
für Tests, Klassenarbeiten, Lernzielkontrollen und Schulaufgaben

von Holger Gessner

Klett Lerntraining

Hallo ______________________!
(dein Name)

Du möchtest wissen, wie gut du in Mathe bist? Dieser Test-Block hilft dir dabei. Dazu musst du Punkte sammeln wie bei einem Quiz:

1 **Löse die Testaufgaben**. Die **Tipps** auf den Rückseiten helfen dir dabei.

2 Aufgaben mit diesem Symbol sind etwas schwieriger.

Kontrolliere deine Ergebnisse mit den **Lösungen** (ab Seite 123). Für jedes richtige Ergebnis erhältst du 1 Punkt. Die Lösungen sagen dir, wenn es für besonders knifflige Aufgaben mehr Punkte gibt. Trage deine Punkte für jede Aufgabe in das jeweilige Punktefeld ein.

6 P

Zähle dann alle Punkte einer Seite zusammen und notiere dein Ergebnis im **Pokal** am Ende der Seite.

Wie gut hast du abgeschnitten? Lies bei den **Auswertungen** (ab Seite 123) nach. Dort findest du auch Tipps, wie du dich noch verbessern kannst.
Die Gesamtauswertung findest du am Ende des Blocks.

So wirst du zum Helden und zur Heldin:
Erst Test lösen, Punkte sammeln und dann ein Feld auf dem Lösungsbild der letzten Seite des Blockes ausmalen. Erlebe, wie Schritt für Schritt eine spannende Mission im Bild sichtbar wird, die für diesen Block lautet:

Hilf dem Tierpfleger das entlaufene Tier wiederzufinden.

Wir wünschen dir viel Spaß – und viele Punkte.
Hanna und Henri

Inhaltsverzeichnis

\+ zusammenzählen, addieren (Addition)
− abziehen, subtrahieren (Subtraktion)
· malnehmen, multiplizieren (Multiplikation)
: teilen, dividieren (Division)
> Größerzeichen, größer als
< Kleinerzeichen, kleiner als

Impressum

Bibliografische Information der Deutschen Nationalbibliothek
Die Deutsche Nationalbibliothek verzeichnet diese Publikation in der Deutschen Nationalbibliografie; detaillierte bibliografische Daten sind im Internet über http://dnb.dnb.de abrufbar.

2. Auflage 2022
Dieses Werk folgt der neuesten Rechtschreibung und Zeichensetzung.

www.klett-lerntraining.de; kundenservice@klett-lerntraining.de
Umschlagillustration: Silke Reimers, Mainz
Leitfiguren: Madlen Frey und Till Bayreuther, Greven
Illustrationen: Nadine Bougie, Viersen: S. 5, 9, 11, 17, 29, 43, 47, 97, 99, 103, 111, 117, 118, 123, 124, 137; Udo Clormann, Wiesbaden: S. 17, 124; Europäische Zentralbank, Frankfurt: S. 79, 81, 109, 139; Steffen Jähde, Sundhagen: S. 7, 13, 31, 95, 123; Klett-Archiv, Stuttgart: S. 26, 85, 135; Veronika Mischitz, Esslingen: S. 17, 47, 69, 95, 97, 124, 137; Sven Palmowski, Barcelona: S. 15, 25, 43, 57, 61, 63, 81, 97, 107, 109, 119; Katja Rau, Berglen: S. 7, 17, 21, 23, 33, 35, 37, 39, 41, 51, 55, 57, 59, 65, 77, 79, 81, 83, 85, 87, 89, 91, 97, 101, 105, 111, 113, 117, 119, 123, 124, 140; Silke Reimers, Mainz: S. 9, 43, 57, 69, 71, 93, 117, 123, 143; Alexa Riemann, Hattingen: S. 9, 11, 15, 45, 81, 93, 97, 123, 124, 136; Florian Schmitt, Hildesheim: S. 11, 49, 124; Birgit Tanck, Hamburg: S. 5, 7, 9, 11, 13, 15, 17, 19, 21, 23, 25, 27, 29, 31, 33, 35, 37, 39, 41, 43, 45, 47, 49, 51, 53, 55, 57, 59, 61, 63, 65, 67, 69, 71, 73, 75, 77, 79, 81, 83, 85, 87, 89, 91, 93, 95, 97, 99, 101, 103, 105, 107, 109, 111, 113, 115, 117, 119, 121, 123, 124
Satz: tebitron gmbh, Gerlingen
Druck: AZ Druck und Datentechnik GmbH, Kempten
Printed in Germany
ISBN 978-3-12-949680-0

1 Verbinde.

4	2	7	1	4	8	5	3	9

9 P

2 Immer 3. Kreise ein.

5 P

3 Immer 2. Kreise ein.

5 P

Punkte

Von **19 Punkten** habe ich erreicht.

Male das Feld Nummer 5 im Bild aus.

Übe das Zählen mit echten Gegenständen
(Bausteine, Stifte, Bonbons)
Übe auch das Bündeln mit Bausteinen.
Baue z. B. immer 2er-, 3er- oder 4er-Mauern.

1 Wie viele?

						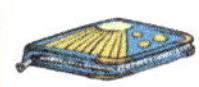
2						

7 P

2 Zähle und verbinde.

	~~IIII~~	3
	III	4
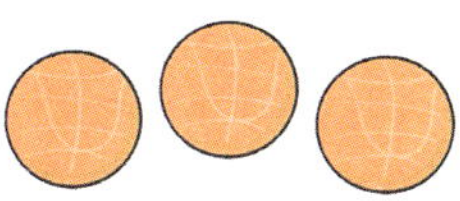	IIII	5

6 P

Punkte

Von **13 Punkten** habe ich erreicht.

Male das Feld Nummer 7 im Bild aus.

Zähle immer nur einen Gegenstand und trage dann ein.

Zählen und Bündeln: Würfelaugen

1 Trage die Zahlen ein.

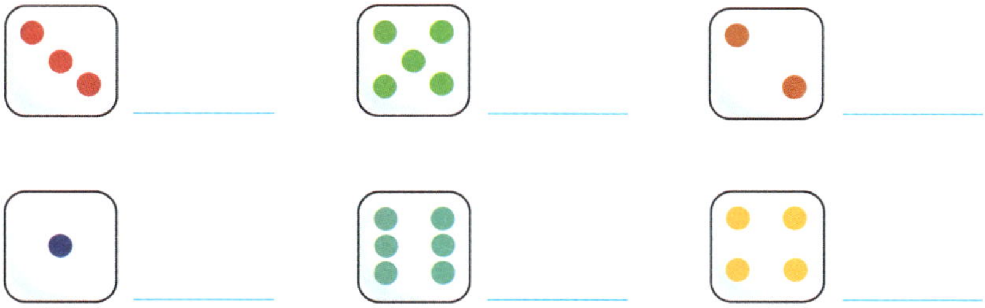

6 P

2 Verbinde.

4 P

3 Trage die Würfelaugen ein.

4 P

Von **14 Punkten** habe ich erreicht.

Male das Feld Nummer 9 im Bild aus.

Spiele viele Würfelspiele.

1 Mehr, weniger oder gleich? Trage <, > oder = ein.

 ☐ 

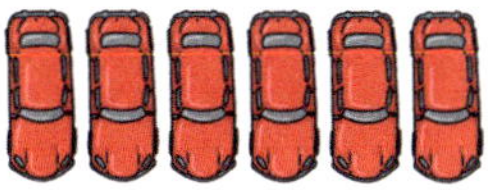 ☐ 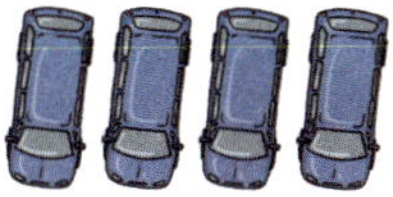

 ☐ 

 ☐ 

4 P

2 Mehr, weniger oder gleich? Trage <, > oder = ein.

 ☐ 

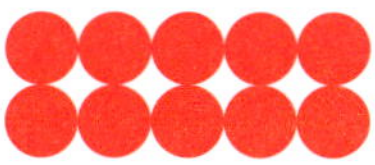 ☐ 

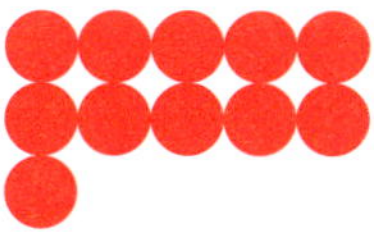 ☐ 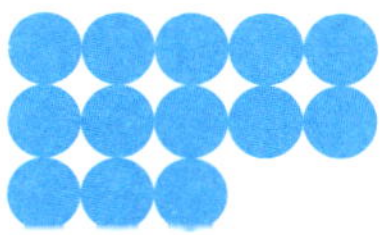

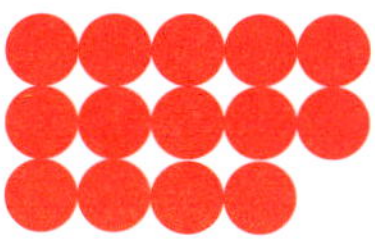 ☐ 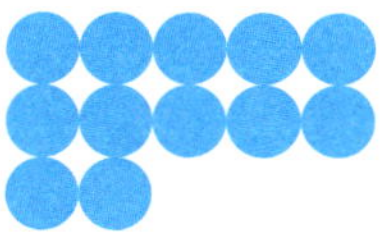

4 P

Von **8 Punkten** habe ich erreicht.

Male das Feld Nummer 11 im Bild aus.

Versuche nicht nur zu zählen,
sondern etwa fünf Dinge gleichzeitig zu erfassen.

Zahlen vergleichen: Größer – kleiner – gleich

1 Größer, kleiner oder gleich? Trage <, > oder = ein.

4 ☐ 7	6 ☐ 5	9 ☐ 4	7 ☐ 7	1 ☐ 7
9 ☐ 10	3 ☐ 3	4 ☐ 5	8 ☐ 3	6 ☐ 9

10 P

2 Trage eine passende Zahl ein.

____ < 4   ____ > 6   ____ > 8

7 < ____   3 = ____   5 > ____

6 P

3 Größer, kleiner oder gleich? Trage <, > oder = ein.

11 ☐ 17	19 ☐ 13	8 ☐ 12	5 ☐ 15	12 ☐ 12
9 ☐ 11	20 ☐ 10	3 ☐ 14	7 ☐ 16	18 ☐ 15

10 P

Mach dich bereit …
Jetzt wird es kniffeliger!

4 Trage alle passenden Zahlen ein.

____, ____, ____, ____ < 5

____, ____, ____, ____, ____, ____, ____, ____ < 9

12 P

Punkte

Von **38 Punkten** habe ich ____ erreicht.

Male das Feld Nummer 13 im Bild aus.

Merke: < wie kleiner

1 Trage die fehlenden Zahlen ein.

6 P

2 Trage die fehlenden Zahlen ein.

Vorgänger	11		8			
Zahl		17			13	
Nachfolger				16		15

12 P

Punkte

Von **18 Punkten** habe ich erreicht.

Male das Feld Nummer 15 im Bild aus.

+ bedeutet dazutun.
– bedeutet wegnehmen.

Rechne immer + 1 und – 1.
Dann hast du die Nachbarzahlen.

1 Ordne die Tiere nach ihrer Größe.
Trage die Zahlen von 1 bis 5 ein.
Beginne mit dem kleinsten Tier.

☐ ☐ ☐ ☐ ☐

5 P

2 Lies und male.

Male den fünften Stern grün an.
Male den zweiten Stern gelb an.
Male den vierten Stern blau an.
Male den ersten Stern rot an.
Male den dritten Stern braun an.

5 P

3 An welcher Stelle sind die orangen Herzen?

____

5 P

Punkte

Von **15 Punkten** habe ich ___ erreicht.

Male das Feld Nummer 17 im Bild aus.

Ordne Dinge aus deinem Kinderzimmer nach Größen.
(Stifte, Äpfel, Steine usw.)
Lege sie dazu in eine Reihe.

1 Trage <, > oder = ein.

3 + 4 ☐ 6 8 − 2 ☐ 5 9 + 3 ☐ 13

5 + 6 ☐ 11 7 + 3 ☐ 9 14 − 2 ☐ 10

9 − 5 ☐ 6 20 − 5 ☐ 14 17 + 3 ☐ 15

9 P

2 ✓ oder ✗? Kreuze an.

	✓	✗
5 + 3 = 7		
9 − 7 < 1		
11 + 8 > 17		
6 + 4 < 11		
16 − 5 = 12		
15 + 3 > 19		

6 P

3 Trage eine passende Zahl ein.

7 − ____ < 4 5 + ____ = 9 11 + ____ > 17

9 − ____ = 1 18 − ____ > 14 16 + ____ < 19

6 P

Von **21 Punkten** habe ich ____ Punkte erreicht.

Male das Feld Nummer 19 im Bild aus.

Rechne zuerst aus. Setze dann <, > oder = ein.

Zahlen zerlegen bis 5

1 Male und ergänze bis zur 5.

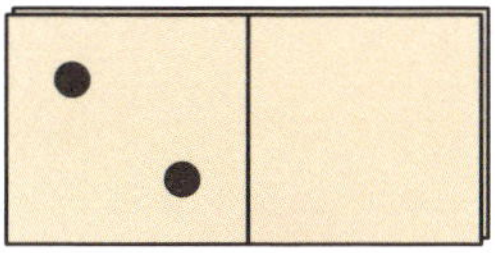

2 + ___ = 5

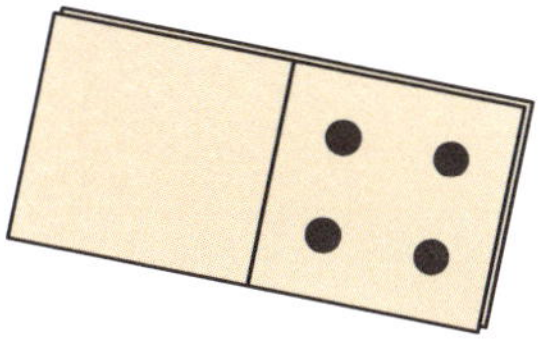

___ + 4 = 5

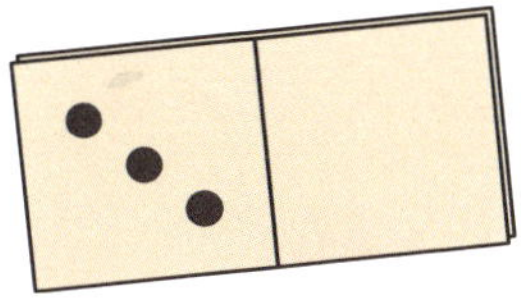

3 + ___ = 5

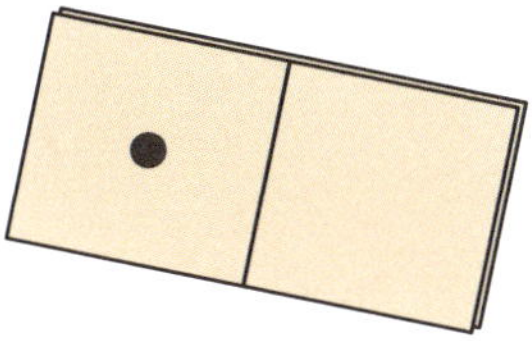

___ + ___ = 5

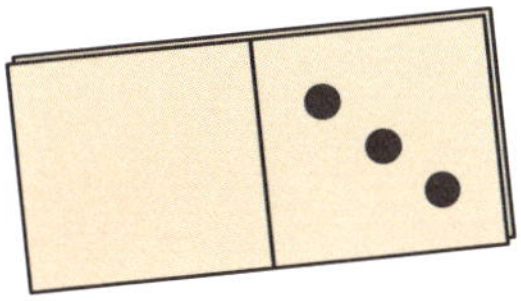

___ + ___ = 5

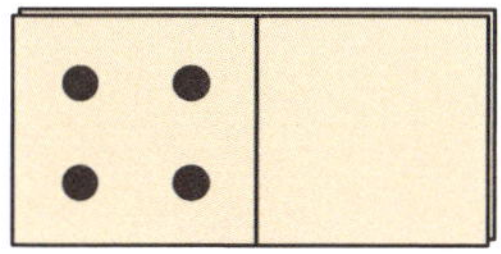

___ + ___ = 5

6 P

Cool! Mach dich bereit ...
Jetzt wird es kniffeliger!

2 Trage passende Zahlen ein.

9 P

Von **15 Punkten** habe ich ___ erreicht.

Male das Feld Nummer 21 im Bild aus.

Probiere das Zerlegen zuerst mit Gegenständen (Stifte, Plättchen oder Schüttelboxen).
Verwende zum Beispiel 5 Stifte und verschiebe einzelne von rechts nach links.

1 Der Pfeil teilt die zehn Finger.
Schreibe die Anzahlen rechts und links vom Pfeil auf.

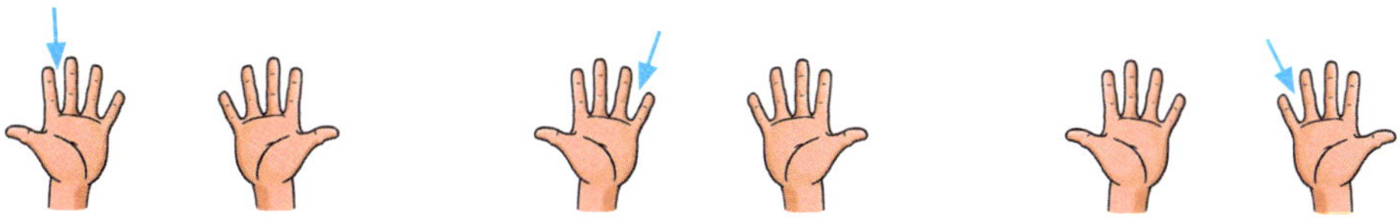

2		4		6	

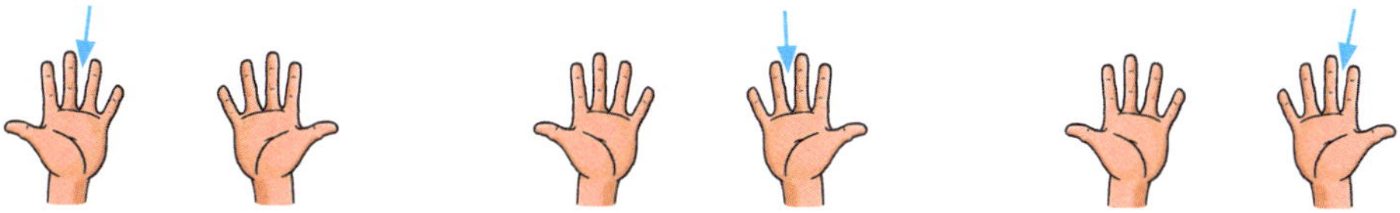

6 P

2 Wie viele Kugeln liegen auf jeder Seite? Trage ein.

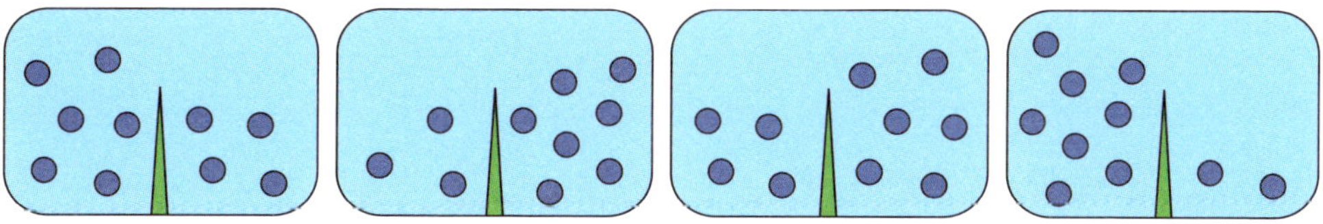

6		3		4		8	

4 P

3 Rechne.

2 + ____ = 10   1 + ____ = 10   5 + ____ = 10   7 + ____ = 10

4 P

Von **14 Punkten** habe ich ____ erreicht.

Male das Feld Nummer 23 im Bild aus.

Übe das Rechnen bis 10 mit deinen zehn Fingern.
Benutze Schüttelboxen.

Zahlen zerlegen bis 15

1 Ergänze die verliebten Zahlen bis 15. Trage ein.

11 ___ 12 ___ 8 ___ 5 ___

4 ___ 13 ___ 7 ___ 2 ___

8 P

2 Ergänze bis 15. Trage ein.

15	15	15
10 + ___	4 + ___	13 + ___
___ + 6	3 + ___	12 + ___
8 + ___	2 + ___	___ + ___

9 P

3 Rechne.

5 + 6 + ___ = 15   8 + 2 + ___ = 15   9 + 5 + ___ = 15

6 P

Punkte

Von **23 Punkten** habe ich ___ erreicht.

Male das Feld Nummer 25 im Bild aus.

Verliebte Zahlen heißen auch Partnerzahlen.
Sie ergeben zusammengezählt die Summe.

Übe mit dem Rechenschieber.

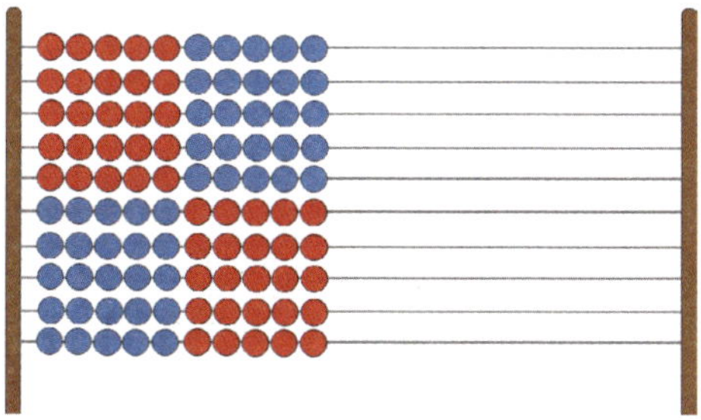

1 Schreibe die Aufgabe im Zwanzigerfeld auf.

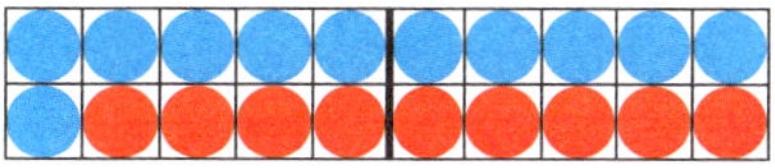

20 = ____ + ____

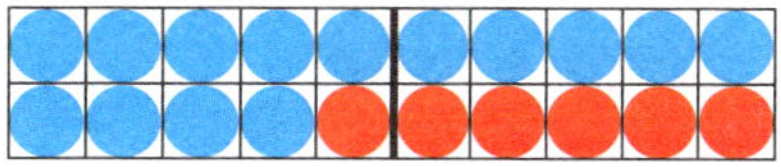

20 = ____ + ____

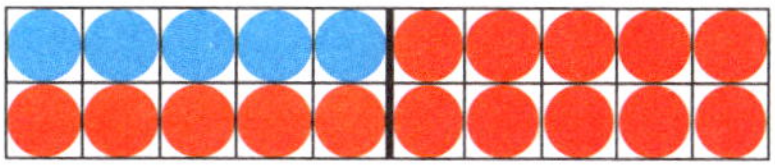

20 = ____ + ____

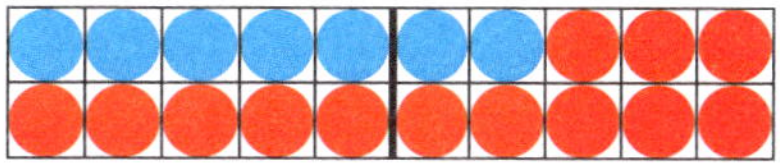

20 = ____ + ____

8 P

2 Färbe die Zwanzigerfelder richtig ein.

12 + 8 = 20

9 + 11 = 20

17 + 3 = 20

13 + 7 = 20

8 P

3 Rechne.

10 + ____ = 20

16 + ____ = 20

____ + 6 = 20

____ + 19 = 20

8 + ____ = 20

____ + 4 = 20

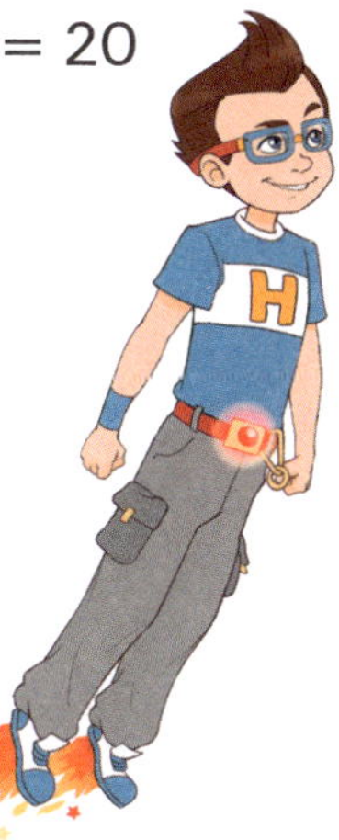

6 P

Punkte

Von **22 Punkten** habe ich ____ erreicht.

Male das Feld Nummer 27 im Bild aus.

Es gibt Riesen- und Zwergenaufgaben:

Wenn $3 + 4 = 7$ ist, dann ist $13 + 4 = 17$

Wenn $6 + 3 = 9$ ist, dann ist $6 + 13 = 19$

1 Trage die fehlenden Zahlen in den Zahlenreihen ein.

8	9		
16	17		

12	13		
10	11		

8 P

2 Trage die Nachbarzahlen ein.

12 P

3 Ordne die Zahlen. Beginne mit der kleinsten Zahl.

11, 15, 7, 16, 14, 8 ______________________

18, 16, 12, 17, 13, 20 ______________________

19, 11, 18, 20, 9, 10 ______________________

18 P

Punkte

Von **38 Punkten** habe ich ____ erreicht.

Male das Feld Nummer 29 im Bild aus.

Arbeite mit dem Zwanzigerfeld:

1	2	3	4	5	6	7	8	9	10
11	12	13	14	15	16	17	18	19	20

1 Trage die fehlenden Zahlen im Zwanzigerfeld ein.

1		3	4	5		7	8	9	
11	12		14	15	16			19	20

6 P

2 Ordne richtig von klein nach groß.

19	13	11	20	12	14	16	17	15	18

10 P

Super! Bist du bereit für etwas Kniffeligeres?

3 Welches ist die Zielzahl?

Start: 7 → → ↓ ☐

Start: 9 ← ← ← ↓ ☐

Start: 14 ↑ ← ← ↓ ☐

12 P

Von **28 Punkten** habe ich erreicht.

Male das Feld Nummer 31 im Bild aus.

Arbeite mit dem Zwanzigerfeld:

1	2	3	4	5	6	7	8	9	10
11	12	13	14	15	16	17	18	19	20

Zähle vorwärts und rückwärts.
Probiere es auch einmal in Zweierschritten.

1 Wie viele Punkte?

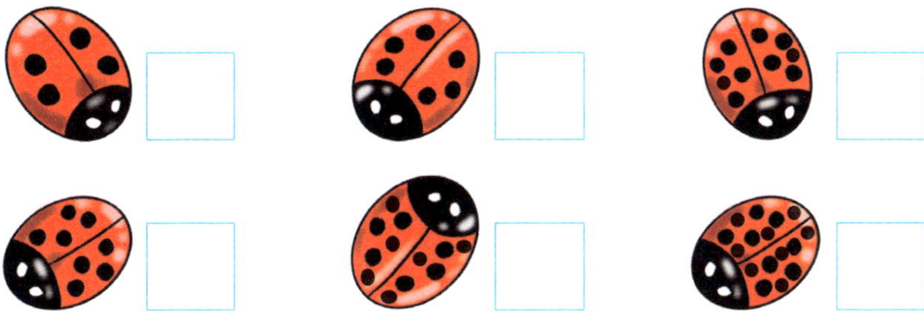

6 P

2 Wie viele Plättchen siehst du? Schreibe die Plusaufgabe.

3 + ____ = ____

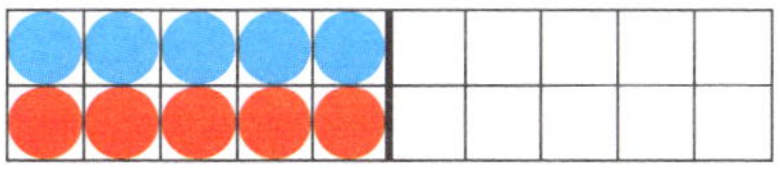

5 + ____ = ____

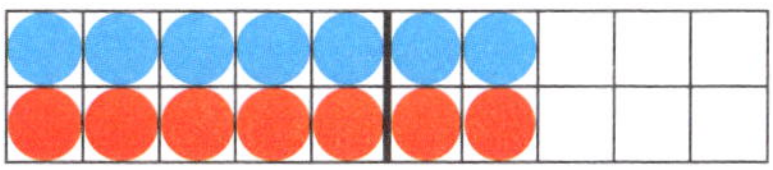

7 + ____ = ____

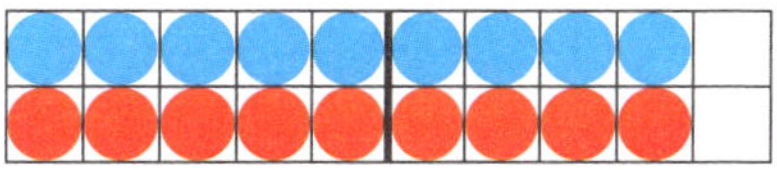

9 + ____ = ____

8 P

3 Rechne.

4 + 4 = ____   2 + 2 = ____   8 + 8 = ____   6 + 6 = ____

10 + 10 = ____   3 + 3 = ____   5 + 5 = ____   7 + 7 = ____

1 + 1 = ____   9 + 9 = ____

10 P

Von **24 Punkten** habe ich erreicht.

Male das Feld Nummer 33 im Bild aus.

Übe das Verdoppeln mit Eierkartons.
Lerne alle Verdoppelungsaufgaben bis 20 auswendig.

1 Verbinde.

3 + 2 | 5 + 2 | 7 + 1 | 4 + 2

8 + 2 | 3 + 1 | 5 + 4 | 2 + 1

10 | 9 | 5 | 8 | 4 | 7 | 3 | 6

8 P

2 Rechne.

4 + 2 = ___ | 1 + 6 = ___ | 2 + 3 = ___ | 7 + 3 = ___

6 + 4 = ___ | 8 + 1 = ___ | 5 + 3 = ___ | 4 + 4 = ___

9 + 1 = ___ | 3 + 4 = ___ | 7 + 1 = ___ | 6 + 3 = ___

12 P

3 Wie geht es weiter?

2 + 1 = ___
2 + 2 = ___
2 + 3 = ___
2 + ___ = ___

1 + 2 = ___
1 + 4 = ___
1 + 6 = ___
1 + ___ = ___

5 + 4 = ___
4 + 5 = ___
3 + 6 = ___
___ + ___ = ___

12 P

Punkte

Von **32 Punkten** habe ich ___ erreicht.

Male das Feld Nummer 35 im Bild aus.

Lerne alle Plusaufgaben bis 10 auswendig.

1 Verliebte Zahlen: Schreibe die Aufgabe bis 10 auf.

3 + ____ = 10   6 + ____ = 10   8 + ____ = 10

1 + ____ = 10   7 + ____ = 10   4 + ____ = 10

6 P

2 Rechne zuerst bis zur 10 und dann weiter.

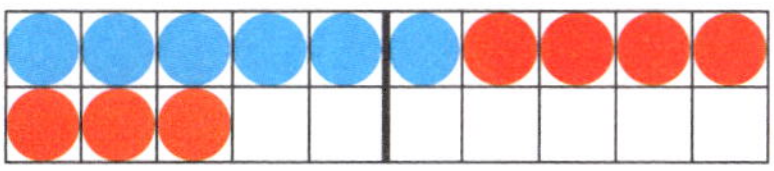

6 + 7 = ____

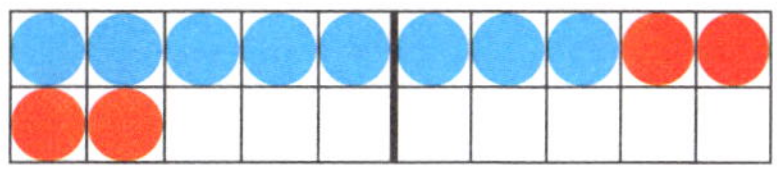

8 + 4 = ____

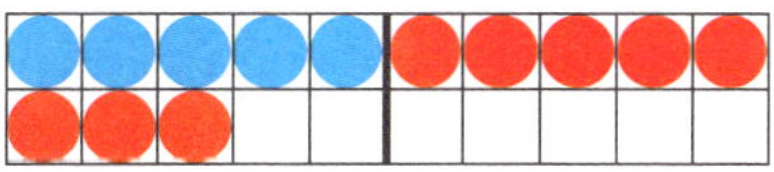

5 + 8 = ____

6 P

3 Rechne.

7 + 4 = ____   9 + 3 = ____   6 + 8 = ____

3 + 8 = ____   5 + 9 = ____   4 + 9 = ____

9 + 7 = ____   8 + 7 = ____   6 + 5 = ____

9 P

Punkte

Von **21 Punkten** habe ich ____ erreicht.

Male das Feld Nummer 37 im Bild aus.

Du kannst den Zehnerübergang auch anders lösen:

Verdoppeln:	7 + 5 =	8 + 7 =
	5 + 5 = 10	8 + 8 = 16
	10 + 2 = 12	16 – 1 = 15
Zehnertrick:	7 + 8 =	6 + 8 =
	7 + 10 = 17	6 + 10 = 16
	17 – 2 = 15	16 – 2 = 14

1 Rechne.

8 + 7 = ___	11 + 6 = ___	12 + 4 = ___
8 + 8 = ___	11 + 7 = ___	12 + 5 = ___
8 + 9 = ___	11 + 8 = ___	12 + 6 = ___

9 P

2 Trage die fehlende Nachbaraufgabe ein. Rechne.

6 + 6 = ___
6 + 7 = ___
___ + ___ = ___

___ + ___ = ___
13 + 2 = ___
13 + 3 = ___

6 P

3 Trage beide Nachbaraufgaben ein. Rechne.

___ + ___ = ___
15 + 4 = ___
___ + ___ = ___

___ + ___ = ___
9 + 9 = ___
___ + ___ = ___

6 P

Punkte

Von **21 Punkten** habe ich ___ erreicht.

Male das Feld Nummer 39 im Bild aus.

Die Nachbaraufgaben helfen dir bei vielen Rechnungen.

Beispiel: Wie viel ist 8 + 9?

Nachbaraufgaben 1:
8 + 8 = 16, also 8 + 9 = 17 (+ 1)

Nachbaraufgabe 2:
8 + 10 = 18, also 8 + 9 = 17 (– 1)

1 Rechne die Tauschaufgaben aus.

___ + ___ = ___ ___ + ___ = ___

___ + ___ = ___ ___ + ___ = ___

4 P

2 Trage die fehlende Nachbaraufgabe ein. Rechne.

4 + 3 = ___ 3 + 4 = ___	5 + 2 = ___ 2 + 5 = ___	6 + 4 = ___ 4 + 6 = ___
8 + 6 = ___ 6 + 8 = ___	9 + 4 = ___ 4 + 9 = ___	7 + 5 = ___ 5 + 7 = ___

12 P

3 Trage die fehlende Nachbaraufgabe ein. Rechne.

7 + 9 = ___ ___ + ___ = ___	4 + 8 = ___ ___ + ___ = ___
7 + 12 = ___ ___ + ___ = ___	5 + 14 = ___ ___ + ___ = ___

8 P

Punkte

Von **24 Punkten** habe ich ___ erreicht.

Male das Feld Nummer 41 im Bild aus.

Tipp!

Tauschaufgaben sind ein guter Rechentrick:

9 + 2 = 11, rechnet sich leichter als
2 + 9 = 11

1 Rechne die Zwergen- und Riesenaufgaben.

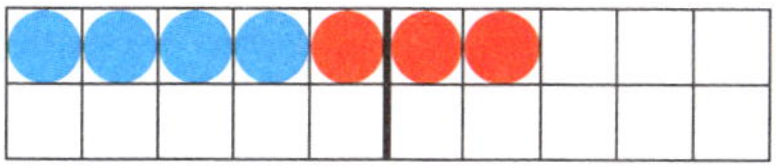

4 + 3 = ___

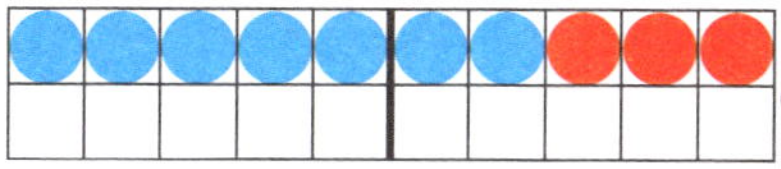

7 + 3 = ___

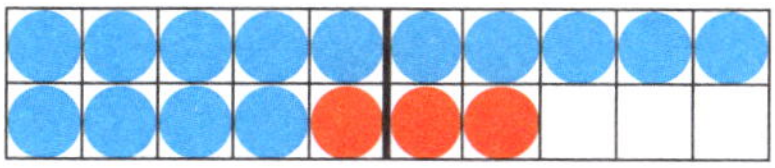

14 + 3 = ___

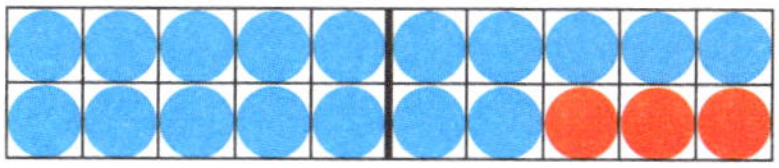

17 + 3 = ___

4 P

2 Rechne.

1 + 2 = ___
11 + 2 = ___

5 + 3 = ___
15 + 3 = ___

4 + 6 = ___
14 + 6 = ___

3 + 4 = ___
13 + 4 = ___

8 + 2 = ___
18 + 2 = ___

6 + 3 = ___
16 + 3 = ___

12 P

3 Finde die Zwergenaufgabe. Rechne.

13 + 6 = ___
___ + ___ = ___

12 + 7 = ___
___ + ___ = ___

4 P

Von **20 Punkten** habe ich ___ erreicht.

Male das Feld Nummer 43 im Bild aus.

Zwergen- und Riesenaufgaben sind ein guter Rechentrick:

6 + 2 = 8, rechnet sich leichter als
16 + 2 = 18 (Der Einer bleibt.)

1 Rechne diese gemischten Aufgaben bis 10 aus.

1 + 2 = ____	9 + 1 = ____	2 + 2 = ____
7 + 2 = ____	8 + 2 = ____	3 + 5 = ____
4 + 4 = ____	7 + 1 = ____	6 + 2 = ____
6 + 3 = ____	3 + 4 = ____	5 + 5 = ____
3 + 3 = ____	5 + 2 = ____	4 + 1 = ____
1 + 1 = ____	7 + 3 = ____	8 + 1 = ____
1 + 6 = ____	4 + 5 = ____	2 + 3 = ____

21 P

2 Rechne diese Aufgaben bis 20 aus.

7 + 4 = ____	11 + 4 = ____	9 + 9 = ____
6 + 8 = ____	7 + 6 = ____	15 + 3 = ____
9 + 4 = ____	13 + 5 = ____	6 + 6 = ____
10 + 6 = ____	9 + 8 = ____	12 + 4 = ____
12 + 7 = ____	14 + 6 = ____	18 + 2 = ____
10 + 9 = ____	8 + 8 = ____	7 + 9 = ____
16 + 3 = ____	15 + 5 = ____	12 + 6 = ____

21 P

Von **42 Punkten** habe ich ____ Punkte erreicht.

Male das Feld Nummer 45 im Bild aus.

Lerne alle Aufgaben des kleinen Einspluseins auswendig.

1 Springe immer 3 weiter.

1						19
5					20	
2						20

14 P

2 Springe immer 2 weiter.

3							17
6							20
7						19	

17 P

3 Rechne im Kopf.

Start						Ziel
4	+4		+6		+3	
8	+3		+5		+2	
3	+6		+5		+2	

9 P

Tipp!

Übung macht den Meister.
Übe kurz aber regelmäßig:

Jeden Tag 5 Minuten Kopfrechnen machen dich zum Rechen-Helden und zur Rechen-Heldin.

1 Anna und Eva teilen sich die Bonbons.
Wie viele bekommt jedes Kind? Trage ein.

a) Anna: ____ Eva: ____

b) Anna: ____ Eva: ____

4 P

2 Trage die Hälfte ein.

Zahl	2	8	6	10	4
Hälfte					

Zahl	14	18	16	20	12
Hälfte					

10 P

3 Halbiere so oft du kannst.

16, ____, ____, ____, ____

4 P

Von **18 Punkten** habe ich ____ erreicht.

Male das Feld Nummer 49 im Bild aus.

Halbiere Dinge: Pizza, Kuchen, Papier.
Was fällt dir noch ein?

1 Verbinde.

10 − 1 | 6 − 2 | 7 − 2 | 9 − 3

8 − 1 | 3 − 2 | 5 − 2 | 3 − 1

1 | 9 | 5 | 2 | 6 | 7 | 3 | 4

8 P

2 Rechne.

7 − 3 = ___	6 − 5 = ___	9 − 3 = ___	3 − 2 = ___
6 − 4 = ___	8 − 4 = ___	5 − 1 = ___	4 − 1 = ___
8 − 3 = ___	7 − 6 = ___	8 − 2 = ___	6 − 3 = ___

12 P

3 Wie geht es weiter?

9 − 1 = ___	10 − 2 = ___	9 − 2 = ___
9 − 2 = ___	10 − 4 = ___	8 − 3 = ___
9 − 3 = ___	10 − 6 = ___	7 − 4 = ___
9 − ___ = ___	10 − ___ = ___	___ − ___ = ___

12 P

Punkte

Von **32 Punkten** habe ich ___ erreicht.

Male das Feld Nummer 51 im Bild aus.

Lerne alle Minusaufgaben bis 10 auswendig.

1 Streiche weg und rechne.

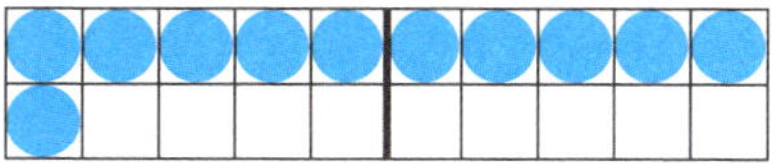

11 − 5 = ___

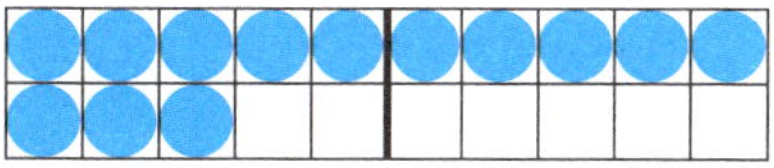

13 − 6 = ___

4 P

2 Rechne bis zum Zehner und dann weiter.

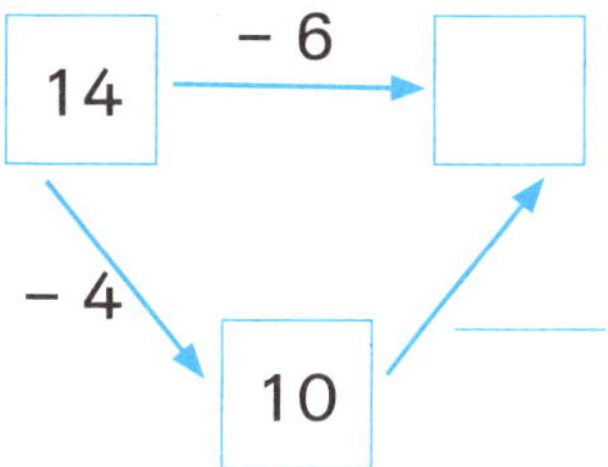

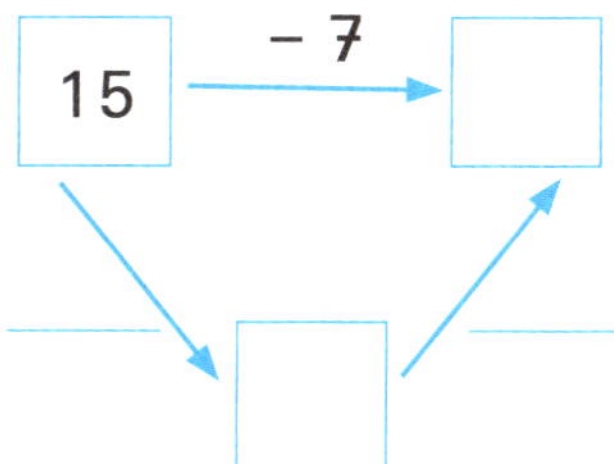

4 P

3 Rechne.

12 − 3 = ___	14 − 5 = ___	17 − 9 = ___	13 − 7 = ___
11 − 4 = ___	13 − 5 = ___	16 − 8 = ___	12 − 5 = ___
15 − 8 = ___	12 − 6 = ___	11 − 8 = ___	13 − 9 = ___
12 − 4 = ___	14 − 9 = ___	16 − 9 = ___	18 − 9 = ___

16 P

Von **24 Punkten** habe ich erreicht.

Male das Feld Nummer 53 im Bild aus.

Zähle nicht, sondern rechne. Das machst du so:

1. Alle Minusaufgaben bis 10 (10 – 1, 10 – 2, 10 – 3 usw.) sollst du auswendig können.
2. Alle Zahlzerlegungen bis 10 sollst du auswendig können.
3. Rechne in Schritten: Zuerst bis 10 und dann den Rest.

1 Rechne hier von oben nach unten.

10 − 7 = ___   11 − 6 = ___   16 − 8 = ___

9 − 7 = ___   10 − 6 = ___   15 − 7 = ___

8 − 7 = ___   9 − 6 = ___   14 − 6 = ___

9 P

2 Trage die fehlende Nachbaraufgabe ein. Rechne.

13 − 4 = ___   ___ − ___ = ___

13 − 5 = ___   15 − 5 = ___

___ − ___ = ___   15 − 6 = ___

6 P

3 Trage beide Nachbaraufgaben ein. Rechne.

___ − ___ = ___   ___ − ___ = ___

16 − 6 = ___   13 − 4 = ___

___ − ___ = ___   ___ − ___ = ___

6 P

Punkte

Von **21 Punkten** habe ich ___ erreicht.

Male das Feld Nummer 55 im Bild aus.

Nachbaraufgaben helfen dir bei vielen Rechnungen.

Wie viel ist 16 – 7?

Nachbaraufgabe:
16 – 6 = 10,

also 16 – 7 = 9 (– 1)

1 Rechne die Zwergen- und Riesenaufgaben.

6 − 3 = ____

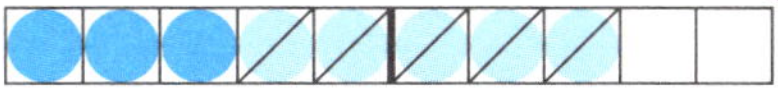

8 − 5 = ____

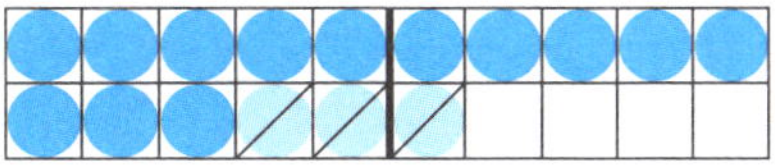

16 − 3 = ____

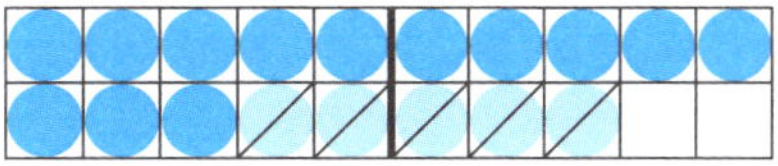

18 − 5 = ____

4 P

2 Rechne.

9 − 2 = ____	5 − 2 = ____	7 − 6 = ____
19 − 2 = ____	15 − 2 = ____	17 − 6 = ____
4 − 3 = ____	8 − 4 = ____	3 − 3 = ____
14 − 3 = ____	18 − 4 = ____	13 − 3 = ____

12 P

3 Finde die Zwergenaufgabe. Rechne.

18 − 7 = ____

____ − ____ = ____

19 − 7 = ____

____ − ____ = ____

4 P

Von **20 Punkten** habe ich ____ erreicht.

Male das Feld Nummer 57 im Bild aus.

Zwergen- und Riesenaufgaben sind ein guter Rechentrick:

$7 - 3 = 4$, rechnet sich leichter als
$17 - 3 = 14$ (Der Einer bleibt.)

1 Male die fehlenden Felder an.
Rechne.

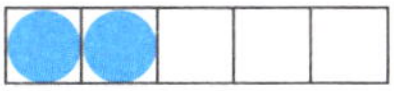

2 + ___ = 4

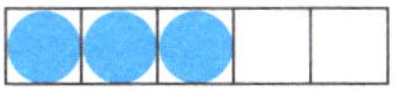

3 + ___ = 5

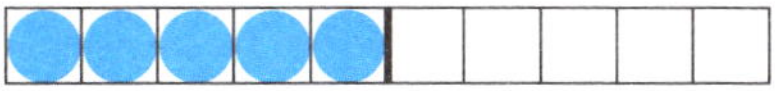

5 + ___ = 8

6 P

2 Ergänzen bis 10.

6 + ___ = 10	5 + ___ = 10	3 + ___ = 10
2 + ___ = 10	4 + ___ = 10	8 + ___ = 10
9 + ___ = 10	1 + ___ = 10	7 + ___ = 10

9 P

3 Ergänzen bis 20.

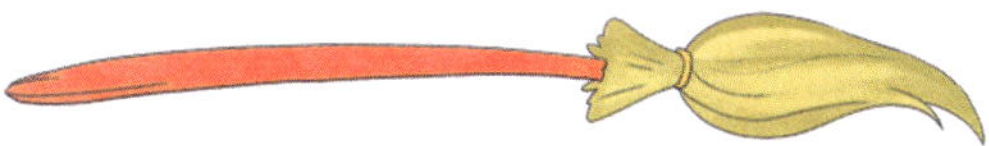

10 + ___ = 20	11 + ___ = 16	8 + ___ = 12
7 + ___ = 15	12 + ___ = 20	9 + ___ = 17
5 + ___ = 11	6 + ___ = 16	13 + ___ = 20
16 + ___ = 19	8 + ___ = 14	15 + ___ = 20

12 P

Punkte

Von **27 Punkten** habe ich ___ erreicht.

Male das Feld Nummer 59 im Bild aus.

Ergänzen hilft dir bei Minusaufgaben.

$11 - 8 = 3$

oder $8 + 3 = 11$

1 Rechne bis 10.

8 − 5 = ___	9 − 2 = ___	10 − 5 = ___
5 − 3 = ___	8 − 6 = ___	7 − 6 = ___
6 − 4 = ___	10 − 3 = ___	9 − 4 = ___
4 − 2 = ___	7 − 4 = ___	5 − 2 = ___

12 P

2 Rechne bis 20.

20 − 7 = ___	19 − 5 = ___	20 − 8 = ___
15 − 4 = ___	13 − 2 = ___	18 − 5 = ___
18 − 6 = ___	17 − 6 = ___	19 − 7 = ___
14 − 3 = ___	20 − 3 = ___	20 − 5 = ___

12 P

3 Rechne mit Zehnerübergang.

13 − 6 = ___	12 − 4 = ___	16 − 8 = ___
15 − 6 = ___	14 − 7 = ___	18 − 9 = ___
11 − 4 = ___	11 − 6 = ___	13 − 5 = ___
14 − 8 = ___	13 − 4 = ___	17 − 9 = ___

12 P

Von **36 Punkten** habe ich ___ Punkte erreicht.

Male das Feld Nummer 61 im Bild aus.

Lerne alle Minusaufgaben bis 20 auswendig.

1 Ergänze die Umkehraufgabe und rechne.

9 − 6 = 3 3 + ___ = ___	12 − 4 = ___ 8 + ___ = ___	8 − 5 = ___ 3 + ___ = ___
11 − 5 = ___ 6 + ___ = ___	9 − 5 = ___ 4 + ___ = ___	6 − 4 = ___ 2 + ___ = ___

11 P

2 Notiere die Umkehraufgabe und rechne.

13 − 6 = ___
___ + ___ = ___

15 − 3 = ___
___ + ___ = ___

14 − 5 = ___
___ + ___ = ___

20 − 7 = ___
___ + ___ = ___

16 − 9 = ___
___ + ___ = ___

11 − 7 = ___
___ + ___ = ___

20 − 10 = ___
___ + ___ = ___

13 − 4 = ___
___ + ___ = ___

16 P

Punkte

Von **27 Punkten** habe ich ___ erreicht.

Male das Feld Nummer 63 im Bild aus.

Umkehraufgaben helfen dir,
die Ergebnisse zu überprüfen:

$11 - 8 = 3$, denn
$3 + 8 = 11$

Zu jeder Plusaufgabe gibt es auch eine Minusaufgabe.

1 Rechne bis 10.

12 P

2 Rechne bis 20.

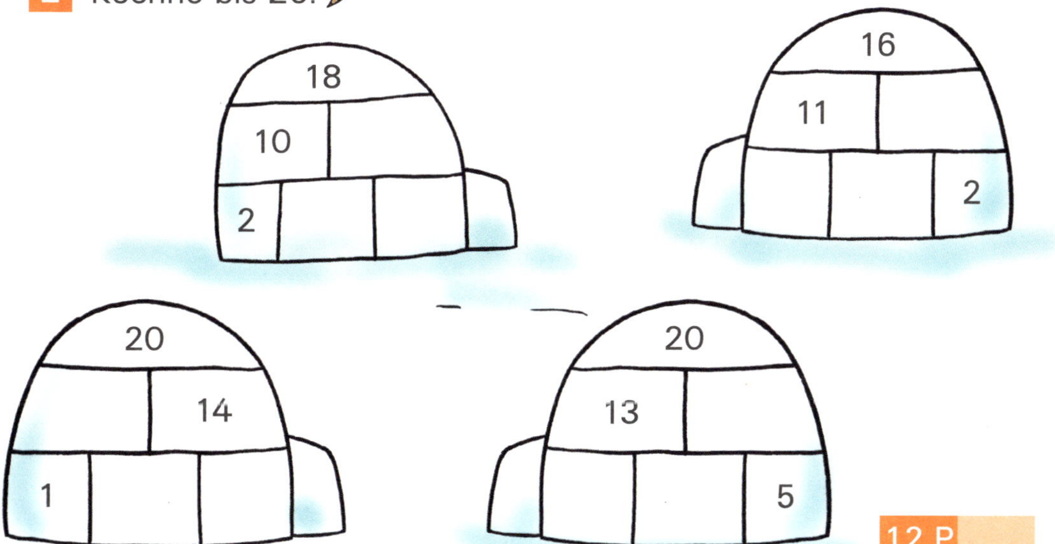

12 P

Von **24 Punkten** habe ich erreicht.

Male das Feld Nummer 65 im Bild aus.

Zähle immer die beiden Zahlen nebeneinander zusammen.
Sie ergeben zusammen die Zahl, die darübersteht.
Mit den Zahlenmauern übst du Plus- und Minusaufgaben.

Klett Die Mathe-Helden Mathe-Testblock So gut bin ich! 1. Klasse

1 Rechne bis 10.

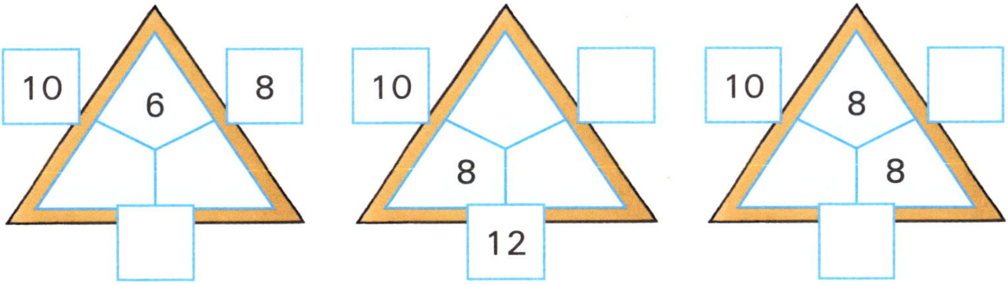

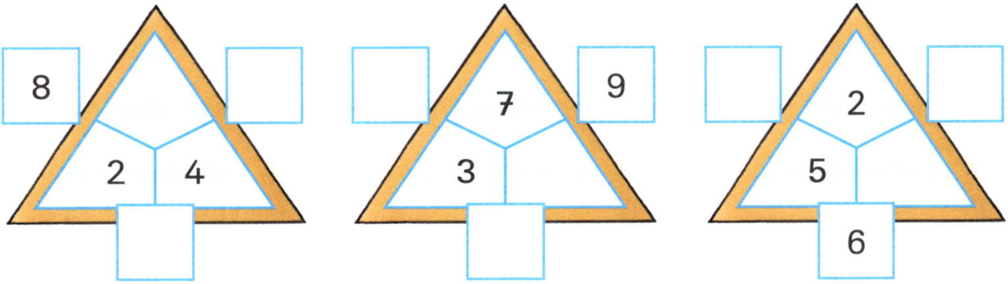

18 P

2 Rechne bis 20.

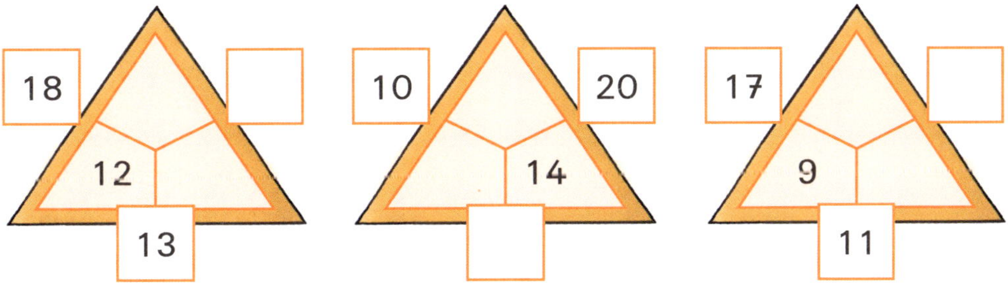

9 P

Von **27 Punkten** habe ich erreicht.

Male das Feld Nummer 67 im Bild aus.

Zähle immer die Zahlen zweier Ecken zusammen.
Sie ergeben zusammen die Zahl, die an der Seite steht.
Mit den Rechendreiecken übst du Plus- und Minusaufgaben.

1 Löse die Rechengitter. Rechne.

→ + 3
↓ + 2

0	3	
2		
		10

→ + 4
↓ + 3

0	4	
3		
		14

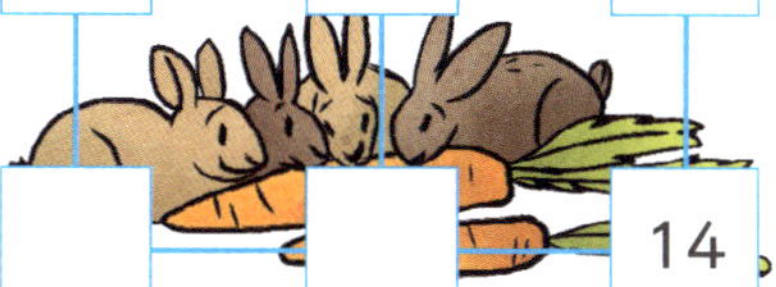

10 P

2 Finde die Pfeilzahlen. Rechne.

→ + __
↓ + __

0		10
	6	
2		12

→ + __
↓ + __

2		8
8		
	17	20

12 P

Beim Rechengitter versuchst du, von der Startzahl die Zielzahl zu erreichen. Die Pfeile zeigen, wie du von links nach rechts und von oben nach unten rechnen musst.

Mit den Rechengittern übst du Plus- und Minusaufgaben.

1 Rechne bis 10.

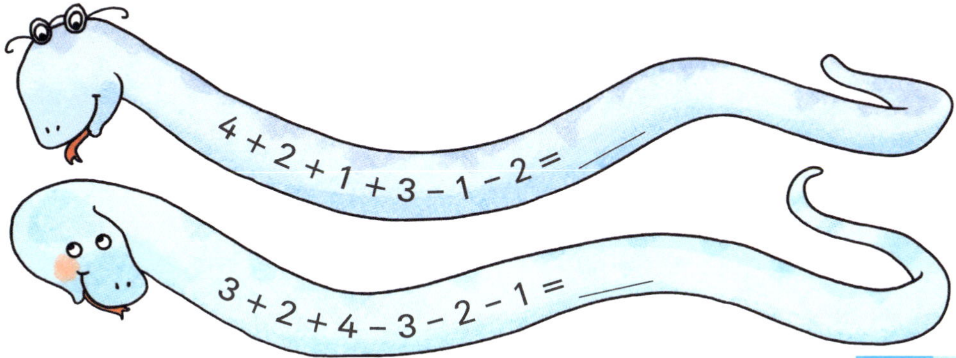

4 P

2 Rechne bis 20.

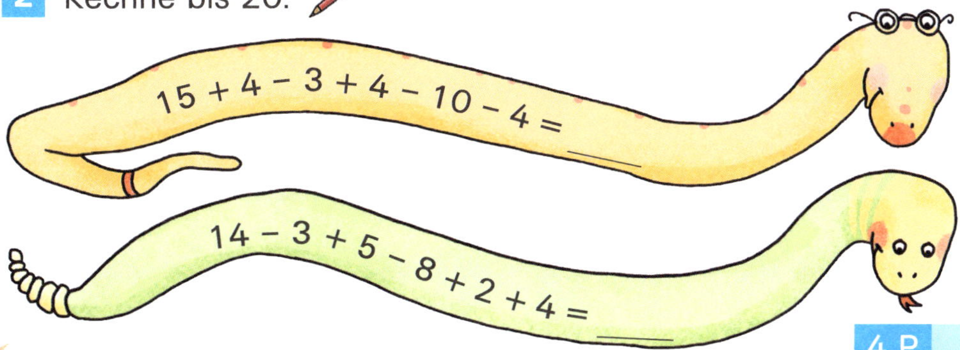

4 P

3 Rechne diese Riesenschlangen.

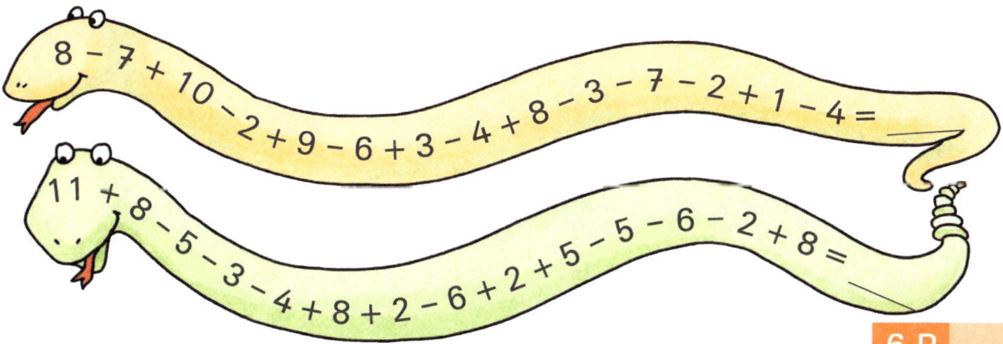

6 P

Von **14 Punkten** habe ich ____ erreicht.

Male das Feld Nummer 71 im Bild aus.

Rechne in kleinen Schritten.
Schreibe dir Zwischenergebnisse auf.

1 Welche Zahl? Gerade oder ungerade? Kreuze an.

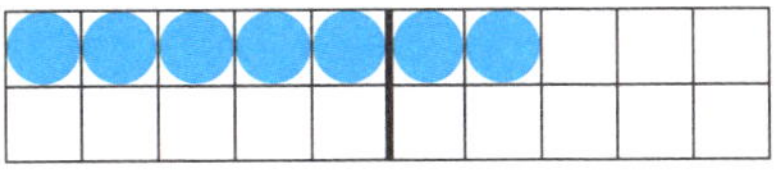

Zahl: ____ gerade ☐ ungerade ☐

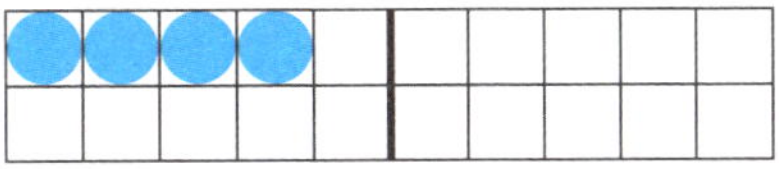

Zahl: ____ gerade ☐ ungerade ☐

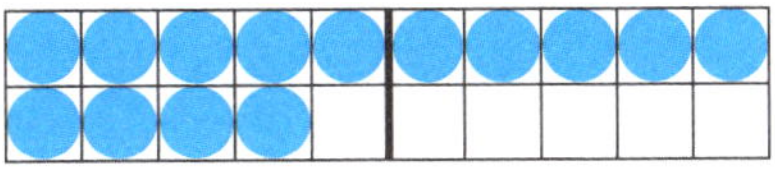

Zahl: ____ gerade ☐ ungerade ☐

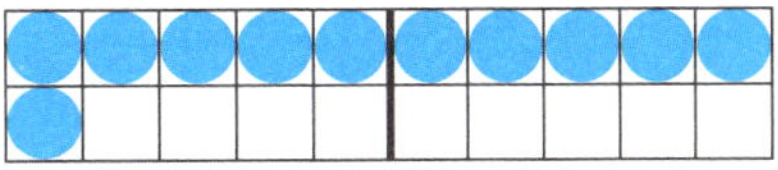

Zahl: ____ gerade ☐ ungerade ☐

8 P

2 Kreise alle geraden Zahlen grün und alle ungeraden Zahlen blau ein.

17

15 9 6 19

2 4 11 20 1 7

3 16 8 5 14 2 18

18 P

3 Rechne. Ist das Ergebnis gerade oder ungerade?

$4 + 2 =$ ____ gerade ☐ ungerade ☐

$3 + 5 =$ ____ gerade ☐ ungerade ☐

$13 - 4 =$ ____ gerade ☐ ungerade ☐

$17 - 6 =$ ____ gerade ☐ ungerade ☐

8 P

Von **34 Punkten** habe ich erreicht.

Male das Feld Nummer 73 im Bild aus.

Tipp!

Gerade Zahlen kannst du immer durch 2 teilen.
Stell dir vor, du hast 3, 4, oder 6 kleine Tomaten.
Diese möchtest du mit deinem besten Freund oder deiner besten Freundin teilen.
Bei welchen Zahlen erhält jeder gleich viele Tomaten?

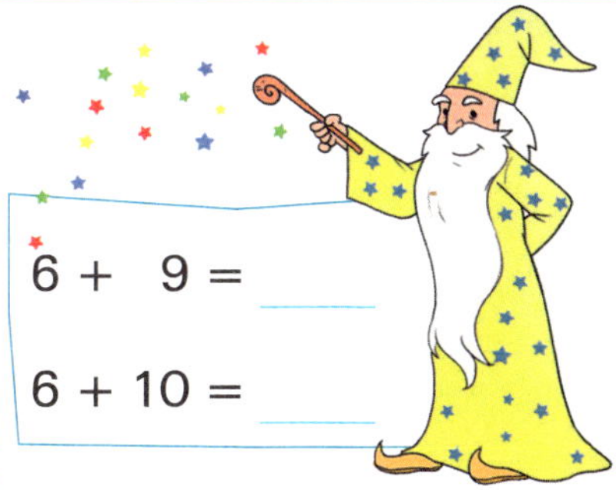

1 Rechne mit dem Zehnertrick.

7 + 9 = 16 (17 − 1)
7 + 10 = 17

5 + 9 = ____
5 + 10 = ____

6 + 9 = ____
6 + 10 = ____

14 − 8 = 6 (4 + 2)
14 − 10 = 4

11 − 9 = ____
11 − 10 = ____

6 P

2 Rechne mit Tauschaufgaben.

8 + 12 = ____
12 + 8 = ____

2 + 17 = ____
17 + 2 = ____

6 + 13 = ____
13 + 6 = ____

6 P

3 Verändere die Rechnungen gegensinnig.

11	+	9	=	20
− 1		+ 1		
10	+	10	=	20

7	+	9	=	
+ 1		− 1		
8	+	8	=	

12	+	8	=	
	+		=	

8 P

Von **20 Punkten** habe ich ____ erreicht.

Male das Feld Nummer 75 im Bild aus.

Gegensinniges Verändern:

Mach die Aufgabe leichter.
Ziehe die gleiche Zahl ab,
die du bei der anderen plus rechnest.

Beispiel:

$14 + 6 = 20$

-4 ↓ ↓ $+4$

$10 + 10 = 20$

1 Rechne bis 10.

8 P

2 Rechne bis 20.

16 − 5 = ___	11 + 5 = ___	20 − 9 = ___	10 + 4 = ___
19 − 7 = ___	14 + 6 = ___	13 − 2 = ___	19 + 1 = ___
12 − 2 = ___	10 + 8 = ___	16 − 4 = ___	15 + 3 = ___

12 P

3 Rechne mit Zehnerübergang.

12 − 5 = ___	8 + 6 = ___	17 − 9 = ___	9 + 6 = ___
15 − 7 = ___	5 + 9 = ___	11 − 8 = ___	6 + 7 = ___
11 − 4 = ___	8 + 7 = ___	14 − 7 = ___	8 + 5 = ___

12 P

Punkte

Von **32 Punkten** habe ich ___ erreicht.

Male das Feld Nummer 77 im Bild aus.

Wende Rechentricks an.
Überlege, welcher Trick dir hilft,
fehlerfrei und schnell zu rechnen.

Übe kurz aber regelmäßig Kopfrechnen.
Mit 5 Minuten täglichem Üben wirst du zum
Rechen-Helden und zur Rechen-Heldin.

1 Wie viel Cent und Euro sind es?

___ Cent

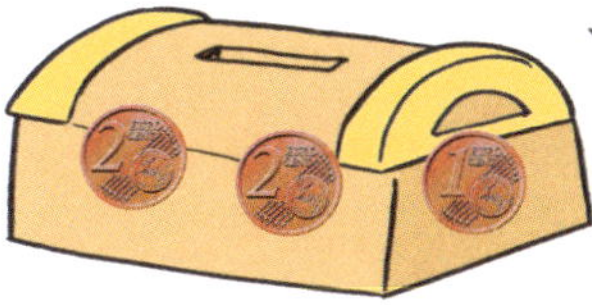

___ Cent

___ Cent

___ Euro

___ Euro

___ Euro

6 P

2 Hat Eva genügend Geld für die Puppe? Rechne.

Rechnung:

___ € + ___ € + ___ € + ___ € + ___ € = ___ €

Antwort: ______________________________

7 P

Tipp!

Wir bezahlen in Euro (€) und Cent (ct).

Es gibt 1-, 2-, 5-, 10-, 20- und 50-Cent-Münzen.

Es gibt 1- und 2-Euro-Münzen.
Es gibt 5-, 10-, 20-, 50-, 100-, 200- und 500-Euro-Scheine.

Hilf deinen Eltern beim Einkaufen.
Übe mit Spielgeld.

1 Paul und Emilio wollen sich ein Eis kaufen.
Beantworte die Fragen.

1 Kugel Eis: 2 €
1 Portion Sahne: 1 €

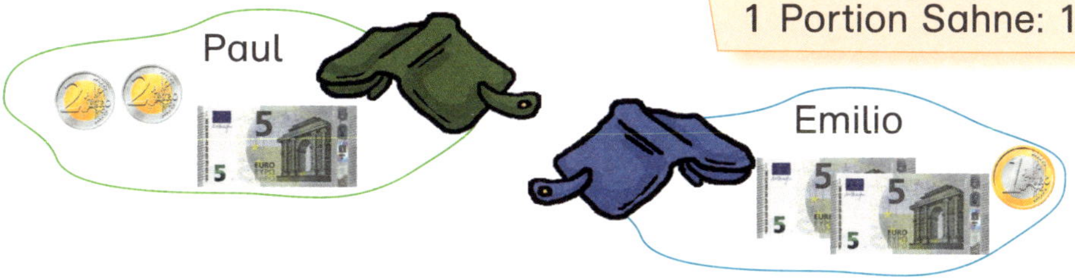

Frage: Wer hat mehr Geld in der Geldbörse? Rechne.

Rechnung: Paul: ___ € + ___ € + ___ € = ___ €

Emilio: ___ € + ___ € + ___ € = ___ €

Antwort: ____________________

9 P

2 Wie viel müssen Paul und Emilio bezahlen?

Paul Emilio

Rechnung:

Paul: ___ € + ___ € + ___ € + ___ € = ___ €

Emilio: ___ € + ___ € + ___ € + ___ € = ___ €

Antwort: ____________________

11 P

Punkte

Von **20 Punkten** habe ich ___ erreicht.

Male das Feld Nummer 81 im Bild aus.

Lass dir Taschengeld geben und gehe zur Eisdiele.

1 Sina feiert Geburtstag.
Es kommen 6 Mädchen und 3 Jungen.
Es gibt Pommes. Wie viele Teller
muss Sina bereitstellen?

Rechnung: ____ + ____ + ____ = ____

5 P

Antwort: ______________________________

2 Wie viele Messer und Gabeln
muss Sina insgesamt austeilen?

2 P

Antwort: ______________________________

3 Tom, Mia, Max, Mehmet und Sofia gehen raus
in den Garten. Wie viele Kinder sind noch im Haus?

Rechnung: ____ − ____ = ____

4 P

Antwort: ______________________________

4 Zum Schluss erhalten alle Kinder kleine Geschenke.
Es gibt 10 kleine Flummis und 20 Bildkarten.
Wie viele Geschenke bekommt jedes Kind?

Rechnung: ______________________________

Antwort: ______________________________

6 P

Punkte

Von **17 Punkten** habe ich ____ erreicht.

Male das Feld Nummer 83 im Bild aus.

Es hilft bei Textaufgaben,
wenn du dir die Dinge aufmalst
oder wenn du sie nachspielst.

1 Wie spät ist es? Zeichne die Zeiger ein.

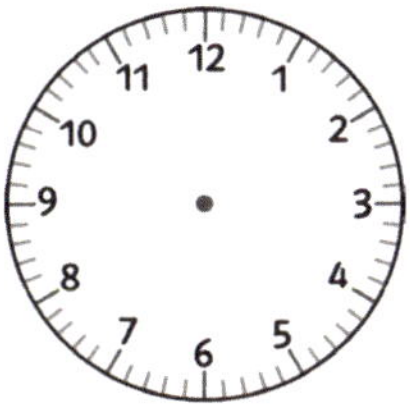 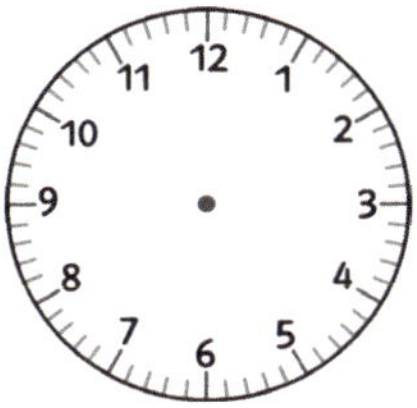 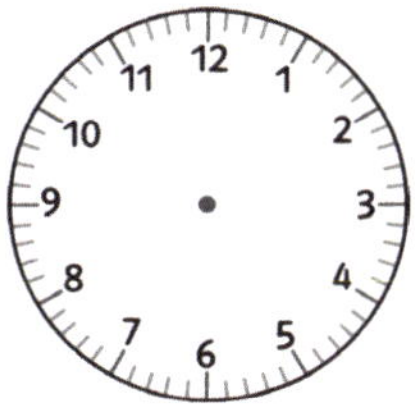 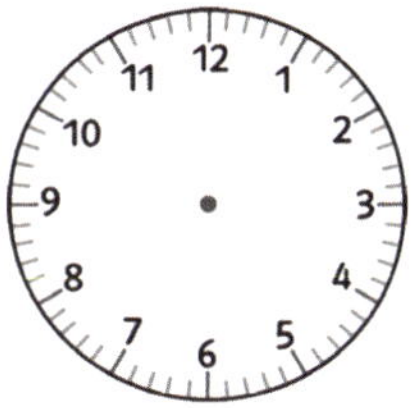

8 Uhr 16 Uhr 10 Uhr 14 Uhr

8 P

2 Tom hat heute eine Doppelstunde Sport.
Zeichne die Zeiger ein.

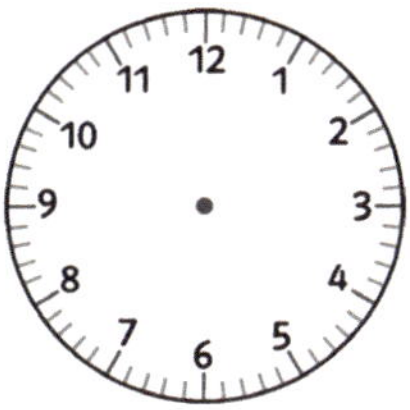 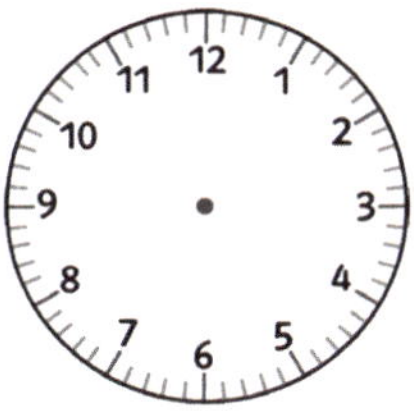

10 Uhr bis 12 Uhr

4 P

3 Wie spät stehst du in der Woche auf?
Zeichne die Zeiger in die Uhr.

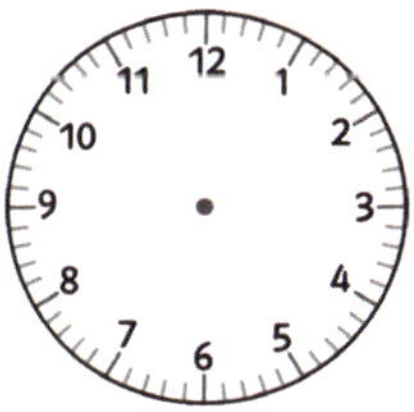

4 P

Punkte

Von **16 Punkten** habe ich ___ erreicht.

Male das Feld Nummer 85 im Bild aus.

Der kurze Zeiger zeigt immer die Stunden
und der lange Zeiger immer die Minuten.

Ein Tag hat 24 Stunden.
Der kurze Zeiger bewegt sich dabei
auf der Uhr zweimal im Kreis.

Eine Stunde hat 60 Minuten.
Der lange Zeiger bewegt sich dabei
auf der Uhr einmal im Kreis.

Übe mit einer Spieluhr.

1 Trage die Zeitdauer ein.

Schule	Spielen mit Freunden	Fußball-training
8 Uhr – 12 Uhr	14 Uhr – 16 Uhr	17 Uhr – 18 Uhr
____ Stunden	____ Stunden	____ Stunde

6 P

2 Wie lange dauert es? Trage ein.

a) Das Fußballspiel beginnt

um 14 Uhr und endet um 15 Uhr.

Antwort: Es dauert ____ Stunde.

b) Die Autofahrt beginnt um 9 Uhr und endet um 16 Uhr.

Antwort: Sie dauert ____ Stunden.

4 P

3 Welcher Tag ist es? Trage den Wochentag ein.

Heute	2 Tage später	4 Tage später
Montag		
Mittwoch		
Freitag		

6 P

Punkte

Von **16 Punkten** habe ich ____ erreicht.

Male das Feld Nummer 87 im Bild aus.

Übe mit einer Spieluhr
und einem Kalenderblatt.

1 Trage ein.

Ein Jahr hat ____ Monate.

Ein halbes Jahr hat ____ Monate.

Eine Woche besteht aus ____ Tagen.

Ein Monat hat ungefähr ____ Wochen.

4 P

2 Trage die fehlenden Nummern und Monate ein.

1	Januar		
		8	August
		10	Oktober
5	Mai		
6	Juni	12	Dezember

6 P

3 Wie viele Monate?

März bis Mai: ____ Monate

Juli bis November: ____ Monate

4 P

Von **14 Punkten** habe ich ____ erreicht.

Male das Feld Nummer 89 im Bild aus.

Übe mit einem Kalender.

1 Trage ein.

Das Quadrat hat ____ Ecken.

Es hat ____ Seiten.

Alle Seiten sind ________ lang.

Ein Dreieck hat ____ Ecken.

Es hat ____ Seiten.

Ein Rechteck hat ____ Ecken. Es hat ____ Seiten.

Immer zwei gegenüberliegende Seiten sind ________ lang.

8 P

2 Die Häuser bestehen aus Dreiecken, Quadraten und Rechtecken. Trage ein.

Quadrate: ____ Dreiecke: ____ Rechtecke: ____

15 P

Punkte

Von **23 Punkten** habe ich ____ erreicht.

Male das Feld Nummer 91 im Bild aus.

Rechtecke, Dreiecke und Quadrate
findest du auch bei dir zu Hause.
Mach dich auf die Suche.

1 Spiegle den Weihnachtsmann an der Linie.

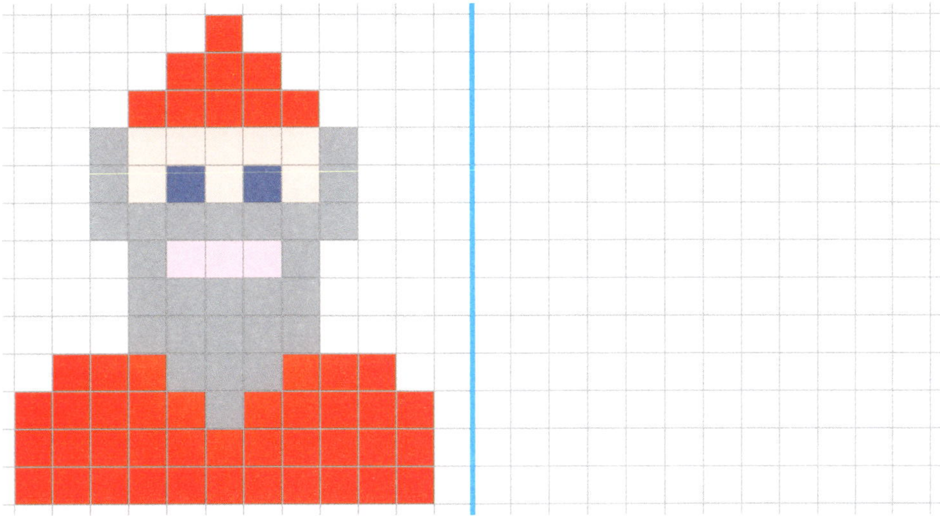

6 P

2 Spiegle den Weihnachtsbaum.

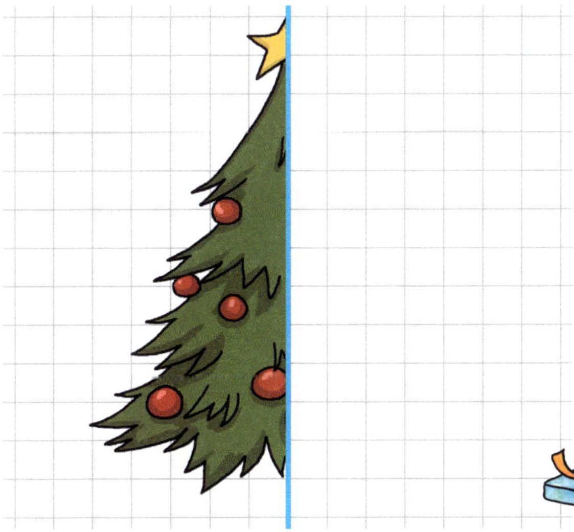

6 P

Male das Feld Nummer 93 im Bild aus.

Von **12 Punkten** habe ich erreicht.

Tipp!

Übe mit einem Spiegel.

1 Pirat Felix sucht einen Schatz. Finde den Weg.

5 P

2 Wo landet Pilotin Mia. Finde den Weg.

5 P

Von **10 Punkten** habe ich erreicht.

Male das Feld Nummer 95 im Bild aus.

Schaue genau und setze den Stift zwischendurch ab.

1 Miss die Strecken.

____ cm ____ cm ____ cm

6 P

2 Wie groß sind die Tiere? Schätze und verbinde.

| 1 cm | 10 cm | 5 cm | 20 cm |

4 P

3 Zeichne die Strecken.

8 cm

4 cm

6 cm

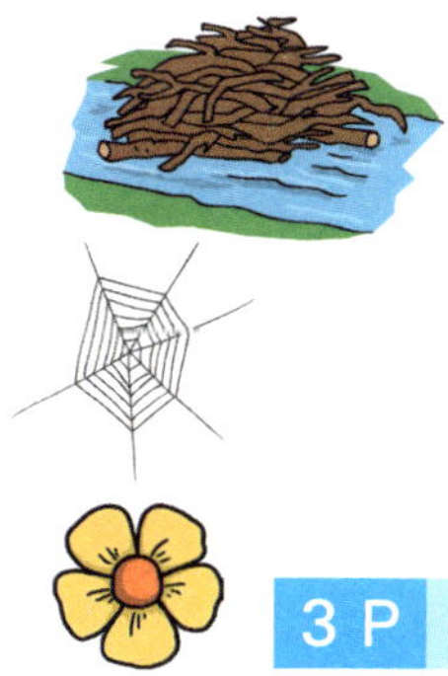

3 P

Punkte

Von **13 Punkten** habe ich ____ erreicht.

Male das Feld Nummer 97 im Bild aus.

Tipp!

Schätze und miss deine Schulsachen.

1 Rechts oder links. Male den passenden Pfeil aus.

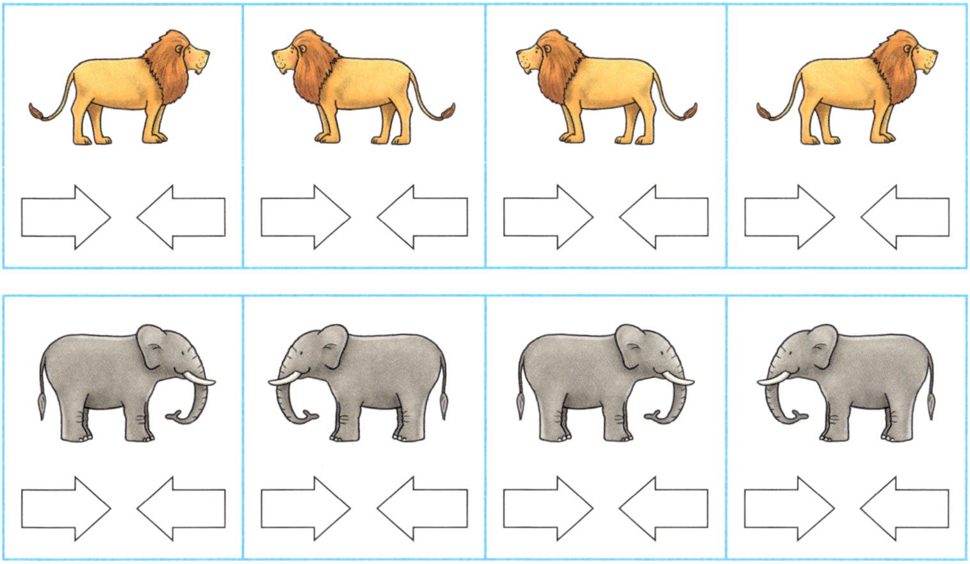

8 P

2 Kreise alle Fahrzeuge ein, die nach rechts fahren.

5 P

3 Kreise alle Dinos ein, die nach links schauen.

7 P

Punkte

Von **20 Punkten** habe ich erreicht.

Male das Feld Nummer 99 im Bild aus.

Male dir einen lila Punkt (l für links) auf die linke Hand
und einen roten Punkt (r für rechts) auf die rechte Hand.

1 Beantworte die Fragen.

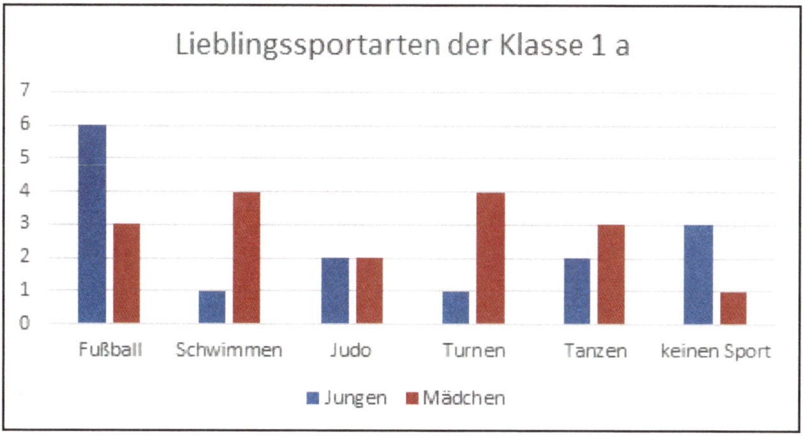

a) Welche Sportarten machen die Mädchen am liebsten?

Antwort: ______________________________

b) Wie viele Jungen machen keinen Sport?

Antwort: ______________________________

4 P

2 Sieh dir das Diagramm in Aufgaben 1 an.

a) Wie viele Kinder machen insgesamt keinen Sport?

Antwort: ______________________________

b) Wie viele Jungen machen insgesamt Sport?

Antwort: ______________________________

4 P

Von **8 Punkten** habe ich ____ erreicht.

Male das Feld Nummer 101 im Bild aus.

- Die Zahlen von 0 bis 7 zeigen, wie viele Jungen und Mädchen eine Sportart machen.
- Unten stehen die Sportarten.
- Die Balken der Jungen sind blau.
- Die Balken der Mädchen sind rot.

1 Das sind die Haustiere der Klasse 1 a.
Wahr oder falsch? Kreuze an.

	Hund	Katze	Hamster	Kaninchen	Vogel
Mädchen	4	2	3	1	0
Jungen	5	1	0	2	1

a) Drei Jungen haben ein Kaninchen.

Wahr ☐ Falsch ☐

b) Die meisten Kinder haben einen Hund.

Wahr ☐ Falsch ☐

c) Die Mädchen haben weniger Katzen als die Jungen.

Wahr ☐ Falsch ☐

3 P

2 Das sind die Lieblingsessen der Klasse 1 a.
Lies und trage ein.

- 10 Jungen und 6 Mädchen mögen Pizza.
- 5 Mädchen und 8 Jungen mögen Pommes.
- 4 Jungen und 3 Mädchen mögen Spaghetti.

6 P

	Pizza	Pommes	Spaghetti
Mädchen			
Jungen			

Punkte

Von **9 Punkten** habe ich erreicht.

Male das Feld Nummer 103 im Bild aus.

Schau dir Tabellen in Zeitungen oder im Internet an.
Zum Beispiel eine Bundesligatabelle.

1 Lies und kreuze an.

Tim spielt mit seinem Papa *Mensch ärgere dich nicht.*

Tim sagt:

a) „Ich würfele dreimal hintereinander die 6.“

sicher ☐ möglich ☐ unmöglich ☐

b) „Ich würfele eine Zahl zwischen 1 und 6.“

sicher ☐ möglich ☐ unmöglich ☐

c) „Ich würfele die Zahl 7.“

sicher ☐ möglich ☐ unmöglich ☐

3 P

2 Jetzt spielen Tim und sein Papa mit zwei Würfeln. Die „7“ wird viel häufiger gewürfelt als die „4“. Warum? Begründe.

Kombinationen: ______________________________

____

____

Antwort: ______________________________

6 P

Von **9 Punkten** habe ich ___ Punkte erreicht.

Male das Feld Nummer 105 im Bild aus.

Nimm dir einen oder zwei Spielwürfel
und würfele 30-mal. Notiere die Ergebnisse.

Was fällt dir auf?

1 Fatima und Lara drehen das Glücksrad.
Rot gewinnt. Welches Glücksrad sollen sie wählen?
Kreuze an.

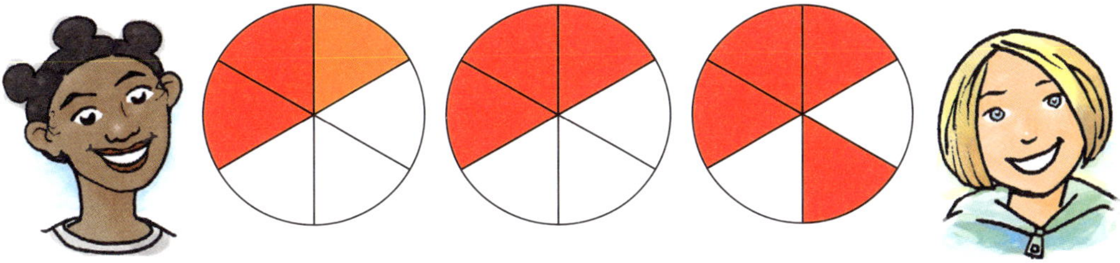

☐ ☐ ☐

3 P

2 Jetzt gewinnen die Farben blau und rot.
Welches Glücksrad sollen sie wählen? Kreuze an.

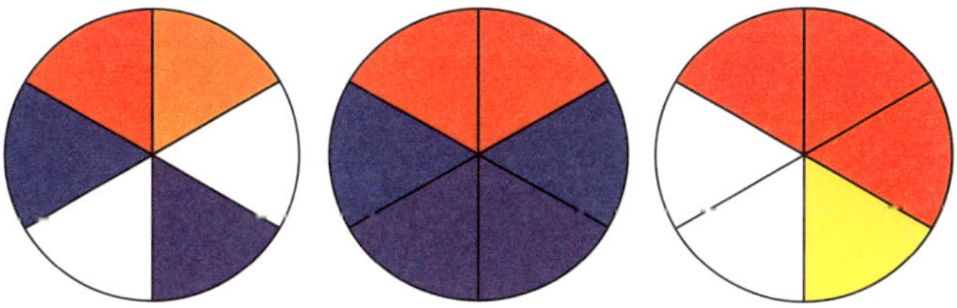

☐ ☐ ☐

3 P

Von **6 Punkten** habe ich erreicht.

Male das Feld Nummer 107 im Bild aus.

Die Farbe die am häufigsten in einem Glücksrat vorkommt, triffst du auch am häufigsten.

Bastle dir ein Glücksrad und probiere es aus.
Was fällt dir auf?

1 Mark und Jan werfen eine Münze.
Welche Möglichkeiten gibt es? Kreuze an.

Kopf  ☐

Zahl  ☐

2 P

2 Lies und kreuze an.

a) Mark: „Es fällt fünfmal hintereinander Kopf."

sicher ☐ möglich ☐ unmöglich ☐

b) Jan: „Es fällt weder Zahl noch Kopf."

sicher ☐ möglich ☐ unmöglich ☐

c) Mark: „Entweder fällt Kopf oder Zahl."

sicher ☐ möglich ☐ unmöglich ☐

3 P

3 Jetzt werfen Mark und Jan immer zwei Münzen.
Welche Möglichkeiten gibt es? Zeichne in die Tabelle.

1	2	3

6 P

Von **11 Punkten** habe ich ___ erreicht.

Male das Feld Nummer 109 im Bild aus.

Tipp!

Probiere es aus. Werfe ein oder zwei Münzen.
Was fällt dir auf?

1 Setze die Reihen fort.

1 2 3 ___ ___ ___ ___

1 3 5 ___ ___ ___ ___

2 4 6 ___ ___ ___ ___

12 P

2 Setze die Reihen fort. Finde die Regel.

1 4 7 ___ ___ ___

Regel: ______________________

17 15 13 ___ ___ ___

Regel: ______________________

0 4 8 ___ ___ ___

Regel: ______________________

12 P

3 Setze das Muster des Teppichs fort.

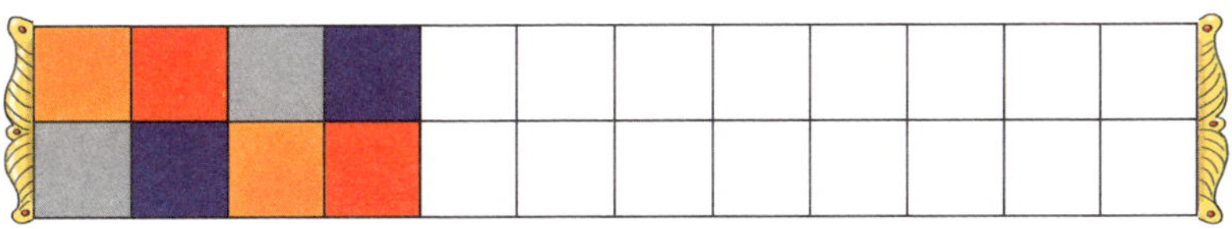

8 P

Punkte

Von **32 Punkten** habe ich ___ erreicht.

Male das Feld Nummer 111 im Bild aus.

Schaue dir die ersten Zahlen genau an
und finde die Regel heraus.
Es geht immer um Plus und Minus.

Eine Regel kann lauten: Immer + 2

1 Rechne die Zahlen waagerecht (→), senkrecht (↑) und diagonal (↖) zusammen. Was fällt dir auf?

6	7	2
1	5	9
8	3	4

8	1	6
3	5	7
4	9	2

Antwort: ______________________________

6 P

2 Trage die Ziffern von 1 bis 9 so ein, dass immer das Zauberergebnis von Aufgabe 1 herauskommt.

1		9
6		2

3		7
8	1	

10 P

Von **16 Punkten** habe ich ____ erreicht.

Male das Feld Nummer 113 im Bild aus.

Im magischen Quadrat kommen die Zahlen 1 bis 9 jeweils einmal vor.
Schneide dir die Ziffern von 1 bis 9 aus
und lege die Kärtchen in dem magischen Quadrat aus.

1 Löse die Zahlenrätsel.

a) Meine Zahl ist 4 größer als 9.

Rechnung: ____ + ____ = ____

b) Die Zahl ist 6 kleiner als 17.

Rechnung: ____ − ____ = ____

c) Die Zahl ist die Hälfte von 12.

Rechnung: ____________________

d) Die Zahl hat einen Zehner und 4 Einer.

Rechnung: ____________________

8 P

2 Löse das große Zahlenrätsel.

Starte bei 5. Rechne 8 dazu. Ziehe 3 ab.

Nimm die Hälfte des Ergebnisses und rechne 4 dazu.

Rechnung: ____________________

____

____

4 P

Punkte

Von **12 Punkten** habe ich ____ erreicht.

Male das Feld Nummer 115 im Bild aus.

Wörter geben Rechenwege an:

- „Größer“ bedeutet plus rechnen.
- „Kleiner“ bedeutet minus rechnen.
- „Dazu“ bedeutet plus rechnen.
- „Abziehen“ bedeutet minus rechnen.

1 Omas Obstkorb ist umgefallen.
Welche Zahlen musst du einsetzen?
Finde es heraus.

__ + 6 = 10	__ + 9 = 18
14 + __ = 20	11 + __ = 19
__ − 5 = 2	__ − 8 = 12
16 − __ = 9	15 − __ = 11

8 P

2 Ersetze zwei Zahlen.
Jeder Apfel steht für die gleiche Zahl.

__ + __ = 10	__ + __ = 14
__ + __ = 12	__ + __ = 16
8 − __ = __	12 − __ = __
20 − __ = __	18 − __ = __

8 P

3 Ersetze jeweils drei Zahlen.

__ + __ + __ = 4	12 − __ − __ − __ = 6
__ + __ + __ = 9	15 − __ − __ − __ = 3

8 P

Punkte

Von **24 Punkten** habe ich ___ erreicht.

Male das Feld Nummer 117 im Bild aus.

Oft hilft dir die Umkehraufgabe.

Beispiel:

 + 9 = 18

Umkehraufgabe: 18 – 9 = 9

1 Triff die 10. Setze die Pfeile richtigen ein.

4 7 6 3 8 2

___ – ___ = 10

___ – ___ = 10

___ – ___ = 10

6 P

2 Triff die 18. Setze die richtigen Pfeile ein.

4 7 6 3 8 2 6 8

3 + ___ – ___ – ___ = 18

3 + ___ – ___ – ___ = 18

3 + ___ – ___ = 18

8 P

3 Triff die 12. Setze die richtigen Pfeile ein.

5 3 2 1 7

20 – ___ – ___ = 12

15 – ___ – ___ = 12

19 – ___ = 12

5 P

Von **19 Punkten** habe ich ___ erreicht.

Male das Feld Nummer 119 im Bild aus.

Probiere die Aufgaben mit Zahlkarten.
Lege die Karten aus und rechne.

1 Trage die fehlenden Zahlen von 1 bis 4 ein.

Trage in jede Zeile, Spalte und in jedem Viereck die Zahlen von 1 bis 4 so ein, dass keine Zahl doppelt steht.

1			4
4	3	2	
	4	1	2
2			3

1		3	
	4		2
2		4	3
4	3		1

12 P

Hammer! Mach dich bereit …
Jetzt wird es kniffeliger!

2 Schaffst du auch diese?

		1	2
2	1		
		3	4
4	3		

4			1
	1		4
1		4	
	4	1	

16 P

Von **28 Punkten** habe ich ____ erreicht.

Male das Feld Nummer 121 im Bild aus.

Übe mit Zahlenkarten von 1 bis 4.
Nimm diese Sudoku-Vorlage
und lege die Karten in die Felder.

Seite 5:

1.

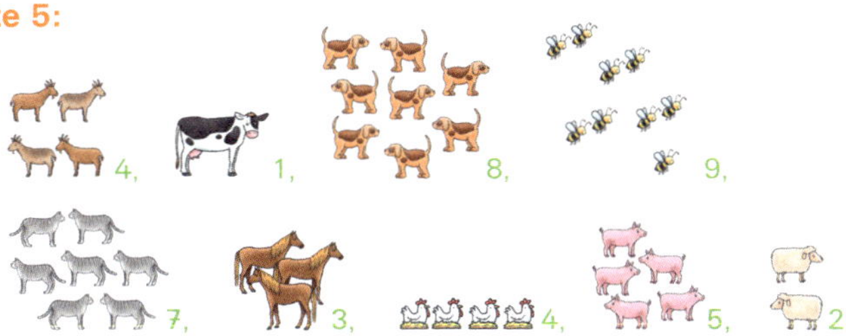

2.

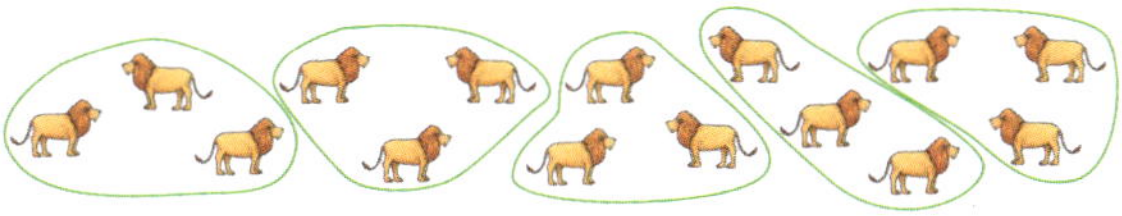

3.

Seite 7:

1.

2	4	5	3	1	4	3

2.

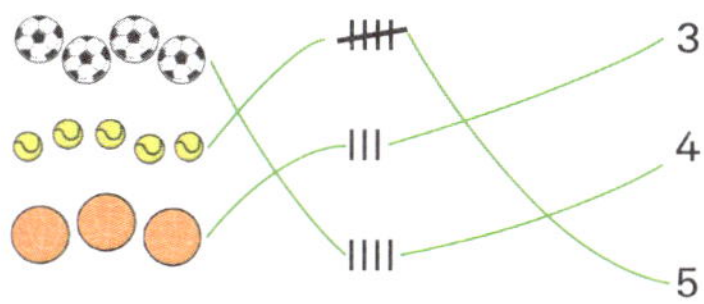

Seite 9:

1.

2.

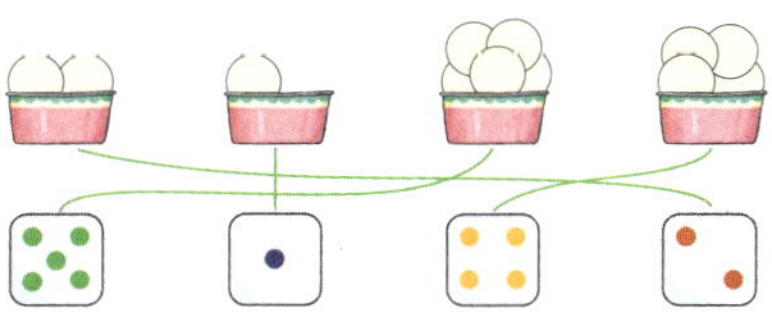

3.

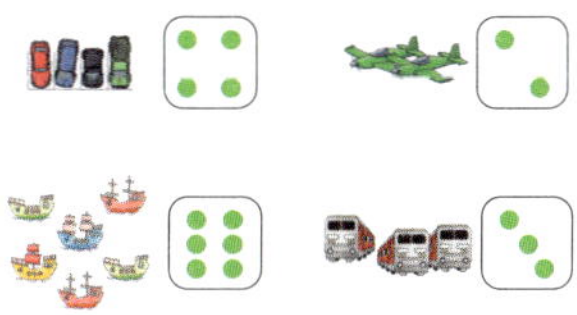

Auswertung für den Bereich „Zählen und Bündeln“ (Seiten 5 bis 10):

Trage deine Punkte ein, zähle sie zusammen, und schau nach, wie gut du bist!

Seite 5: ________ Seite 9: ________

Seite 7: ________

Von insgesamt **46** Punkten habe ich erreicht.

zu Auswertung für den Bereich „Zählen und Bündeln“

46 bis 39 Punkte:
Super! Du beherrschst das Zählen und Bündeln schon perfekt. Weiter so!

38 bis 31 Punkte:
Du hast schon viele Punkte erreicht. Klasse! Bei einigen Aufgaben hattest du noch etwas Probleme. Schau dir diese nochmal genau an. Die Tipps auf der Rückseite helfen dir ebenfalls weiter.

30 und weniger Punkte:
Du bist noch etwas unsicher beim Zählen und Bündeln. Du hast aber gut durchgehalten. Lass den Kopf nicht hängen! Es ist noch kein Held und keine Heldin vom Himmel gefallen. Mit ein wenig Übung wirst du bestimmt bald einer. Schau dir die Blätter noch einmal genau an. Wo hast du die meisten Fehler gemacht? Die Tipps auf der Rückseite zeigen dir, wie du am besten vorgehst. Wichtig ist, dass du jeden Tag in kleinen Portionen übst. Übe Zählen mit echten Gegenständen und sortiere viele in gleich große Mengen. Möchtest du mit weiteren Aufgaben noch mehr Sicherheit gewinnen? Die Helden Hanna und Henri helfen dir im Heft: Die Mathe-Helden: Rechnen bis 20, 1. Klasse.

Seite 11:

1.

2.
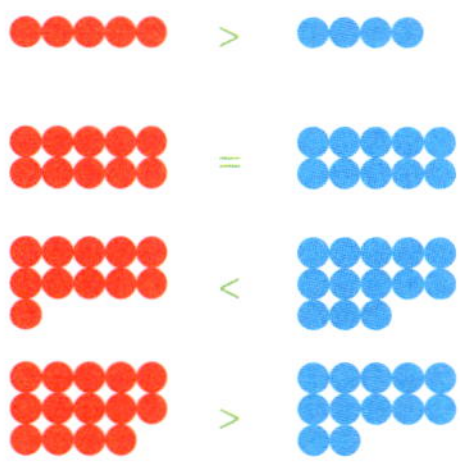

Seite 13:

1. 4 < 7, 6 > 5, 9 > 4, 7 = 7, 1 < 7,
   9 < 10, 3 = 3, 4 < 5, 8 > 3, 6 < 9

2. Zeige deine Lösung einem Erwachsenen. Hier einige Beispiele:
   2 < 4, 9 > 6, 9 > 8,
   7 < 10, 3 = 3, 5 > 1

3. 11 < 17, 19 > 13, 8 < 12, 5 < 15, 12 = 12,
   9 < 11, 20 > 10, 3 < 14, 7 < 16, 18 > 15

4. 1, 2, 3, 4 < 5
   1, 2, 3, 4, 5, 6, 7, 8 < 9

Seite 15:

1. 7 8 9, 4 5 6,
   11 12 13, 15 16 17

2.

Vorgänger	11	16	8	14	12	13
Zahl	12	17	9	15	13	14
Nachfolger	13	18	10	16	14	15

Seite 17:

1.

3 4 2 5 1

2.

3. Sie sind an 2., 4., 7., 8., 11. Stelle.

Seite 19:

1. 3 + 4 > 6, 8 − 2 > 5, 9 + 3 < 13
   5 + 6 = 11, 7 + 3 > 9, 14 − 2 > 10
   9 − 5 < 6, 20 − 5 > 14, 17 + 3 > 15

2.

	✓	×
5 + 3 = 7		X
9 − 7 < 1		X
11 + 8 > 17	X	
6 + 4 < 11	X	
16 − 5 = 12		X
15 + 3 > 19		X

3. Zeige deine Lösung einem Erwachsenen.
   Hier einige Beispiele:
   7 − 6 < 4, 5 + 4 = 9, 11 + 8 > 17,
   9 − 8 = 1, 18 − 2 > 14, 16 + 2 < 19

Auswertung für den Bereich „Mengen und Zahlen vergleichen“ (Seiten 11 bis 20):

Trage deine Punkte ein, zähle sie zusammen, und schau nach, wie gut du bist!

Seite 11: ______ Seite 15: ______ Seite 19: ______

Seite 13: ______ Seite 17: ______

Von insgesamt **100** Punkten habe ich ______ erreicht.

100 bis 84 Punkte:
Klasse! Du kannst Zahlen schon sehr gut miteinander vergleichen. Du weißt die entsprechenden Rechenzeichen <, > und = sicher und fehlerfrei einzusetzen.

83 bis 66 Punkte:
Das Vergleichen von Zahlen gelingt dir schon ziemlich gut. Vielleicht bist du manchmal noch unsicher, in welche Richtung das <- oder >-Zeichen zeigen muss. Schau hierfür nochmals die Tipps auf der Rückseite an.

65 und weniger Punkte:
Super, dass du alle Aufgaben durchgearbeitet hast. Auch wenn du noch nicht alle Aufgaben richtig gemacht hast, kannst du schon Zahlen miteinander vergleichen. Du musst aber noch sicherer werden. Übe regelmäßig und vermeide Flüchtigkeitsfehler. Du kannst auch in deinem Alltag Zahlen vergleichen: Wer hat mehr Gurkenscheiben auf dem Teller? In welchem Regalfach stehen mehr Bücher? In welcher Federmappe stecken weniger Stifte? Möchtest du mit weiteren Aufgaben noch mehr Sicherheit gewinnen? Die Helden Hanna und Henri helfen dir im Heft: Die Mathe-Helden: Rechnen bis 20, 1. Klasse.

Seite 21:

1.  2 + 3 = 5 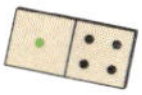 1 + 4 = 5 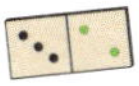 3 + 2 = 5
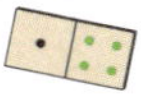 1 + 4 = 5 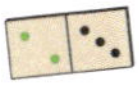 2 + 3 = 5 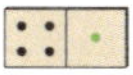 4 + 1 = 5

2. ③ 1 + 2, 2 + 1
④ 1 + 3, 3 + 1, 2 + 2
⑤ 1 + 4, 4 + 1, 2 + 3, 3 + 2

Seite 23:

1. [2][8], [4][6], [6][4],
[3][7], [7][3], [8][2]

2. [6][4], [3][7], [4][6], [8][2]

3. 2 + 8 = 10, 1 + 9 = 10, 5 + 5 = 10,
7 + 3 = 10

Seite 25:

1. [11][4], [8][7], [12][3], [5][10], [4][11], [7][8], [13][2], [2][13]

2. 10 + 5, 4 + 11, 13 + 2,
9 + 6, 3 + 12, 12 + 3,
8 + 7, 2 + 13, 11 + 4,

3. 5 + 6 + 4 = 15, 8 + 2 + 5 = 15,
9 + 5 + 1 = 15
(je Rechnung 2 Punkte)

Seite 27:

1. 20 = 11 + 9, 20 = 14 + 6, 20 = 5 + 15,
20 = 7 + 13 (je Farbe 1 Punkt)

2. 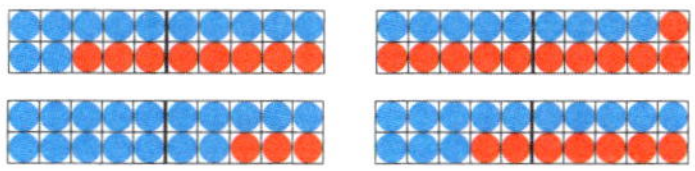
(je Farbe 1 Punkt)

3. 10 + 10 = 20, 16 + 4 = 20, 14 + 6 = 20,
1 + 19 = 20, 8 + 12 = 20, 16 + 4 = 20

Auswertung für den Bereich „Zahlen zerlegen“ (Seiten 21 bis 28):

Trage deine Punkte ein, zähle sie zusammen, und schau nach, wie gut du bist!

Seite 21: ______ Seite 25: ______

Seite 23: ______ Seite 27: ______

Von insgesamt **74** Punkten habe ich ____ erreicht.

74 bis 62 Punkte:
Das war klasse! Du kannst die Zahlen bis 20 sicher zerlegen. Weiter so! Hanna und Henri sind stolz auf dich.

zu Auswertung für den Bereich „Zahlen zerlegen“

61 bis 49 Punkte:
Super, du hast schon jede Menge Punkte gesammelt. Dir gelingt es recht gut die Zahlen bis 20 zu zerlegen. Du machst nur wenige Fehler. Vielleicht hast du dich nicht richtig konzentriert. Achte darauf, dass du beim Üben nicht abgelenkt bist – dann passieren dir bestimmt auch keine Fehler mehr.

48 und weniger Punkte:
Manchmal hast du noch Schwierigkeiten die Zahlen bis 20 zu zerlegen. Fange nochmal mit der Zahlzerlegung der 5 an und gehe dann weiter zur 10, 15 und 20. Eine sichere Zahlzerlegung bis 20 hilft dir sehr beim Rechnen in höheren Schulklassen. Übe deshalb regelmäßig. Möchtest du mit weiteren Aufgaben noch mehr Sicherheit gewinnen? Die Helden Hanna und Henri helfen dir im Heft: Die Mathe-Helden: Rechnen bis 20, 1. Klasse.

Seite 29:

1.

8	9	10	11

12	13	14	15

16	17	18	19

10	11	12	13

2. 8 9 10, 15 16 17,
9 10 11, 14 15 16,
16 17 18, 18 19 20

3. 7, 8, 11, 14, 15, 16
12, 13, 16, 17, 18, 20
9, 10, 11, 18, 19, 20

Seite 31:

1.

1	2	3	4	5	6	7	8	9	10
11	12	13	14	15	16	17	18	19	20

2.

11	12	13	14	15	16	17	18	19	20

3. Start 7, Ziel 19
Start 9, Ziel 16
Start 14, Ziel 12 (je Aufgabe 4 Punkte)

Auswertung für den Bereich „Orientierung im Zahlenraum bis 20“ (Seiten 29 bis 32):

Trage deine Punkte ein, zähle sie zusammen, und schau nach, wie gut du bist!

Seite 29: ________ Seite 31: ________

Von insgesamt **66** Punkten habe ich ____ erreicht.

66 bis 56 Punkte:
Das hast du sehr gut gemacht! Du kannst dich schon sehr gut im Zahlenraum bis 20 orientieren. Die Zahlenfolge ist dir bekannt und du kannst sicher vorwärts und rückwärts zählen.

zu Auswertung für den Bereich „Orientierung im Zahlenraum bis 20“

55 bis 44 Punkte:
Du hast im Zahlenraum bis 20 kaum Schwierigkeiten dich zu orientieren. Manchmal machst du noch kleine Fehler. Festige die Zahlenfolge indem du viele Gegenstände zählst.

43 und weniger Punkte:
Das war ganz schön schwer. Dir fehlt es im Zahlenraum bis 20 noch an Sicherheit. Zähle möglichst regelmäßig Dinge aus deiner Umwelt: Häuser, Zebrastreifen, Stifte, Flaschen, Bausteine, Personen. Sicher fällt noch mehr ein. Versuche vorwärts und rückwärts zu zählen. Möchtest du mit weiteren Aufgaben noch mehr Sicherheit gewinnen? Die Helden Hanna und Henri helfen dir im Heft: Die Mathe-Helden: Rechnen bis 20, 1. Klasse.

Seite 33:

1. 4 Punkte, 6 Punkte, 10 Punkte,
   8 Punkte, 12 Punkte, 16 Punkte

2. 3 + 3 = 6, 5 + 5 = 10
   7 + 7 = 14, 9 + 9 = 18 (je Rechnung 2 Punkte)

3. 4 + 4 = 8, 2 + 2 = 4, 8 + 8 = 16,
   6 + 6 = 12, 10 + 10 = 20, 3 + 3 = 6,
   5 + 5 = 10, 7 + 7 = 14, 1 + 1 = 2,
   9 + 9 = 18

Seite 35:

1. 3 + 2 = 5, 5 + 2 = 7, 7 + 1 = 8,
   4 + 2 = 6, 8 + 2 = 10, 3 + 1 = 4,
   5 + 4 = 9, 2 + 1 = 3

2. 4 + 2 = 6, 1 + 6 = 7, 2 + 3 = 5, 7 + 3 = 10,
   6 + 4 = 10, 8 + 1 = 9, 5 + 3 = 8, 4 + 4 = 8,
   9 + 1 = 10, 3 + 4 = 7, 7 + 1 = 8, 6 + 3 = 9

3. 2 + 1 = 3　1 + 2 = 3　5 + 4 = 9
   2 + 2 = 4　1 + 4 = 5　4 + 5 = 9
   2 + 3 = 5　1 + 6 = 7　3 + 6 = 9
   2 + 4 = 6　1 + 8 = 9　6 + 3 = 9

Seite 37:

1. 3 + 7 = 10, 6 + 4 = 10, 8 + 2 = 10,
   1 + 9 = 10, 7 + 3 = 10, 4 + 6 = 10

2. 6 + 7 = 13, 8 + 4 = 12, 5 + 8 = 13
   (pro Aufgabe 2 Punkte)

3. 7 + 4 = 11, 9 + 3 = 12, 6 + 8 = 14,
   3 + 8 = 11, 5 + 9 = 14, 4 + 9 = 13,
   9 + 7 = 16, 8 + 7 = 15, 6 + 5 = 11

Seite 39:

1. 8 + 7 = 15　11 + 6 = 17　12 + 4 = 16
   8 + 8 = 16　11 + 7 = 18　12 + 5 = 17
   8 + 9 = 17　11 + 8 = 19　12 + 6 = 18

2. 6 + 6 = 12　13 + 1 = 14
   6 + 7 = 13　13 + 2 = 15
   6 + 8 = 14　13 + 3 = 16

3. 15 + 3 = 18　9 + 8 = 17
   15 + 4 = 19　9 + 9 = 18
   15 + 5 = 20　9 + 10 = 19

Seite 41:

1. 6 + 3 = 9　11 + 7 = 18
   3 + 6 = 9　7 + 11 = 18

3. 7 + 9 = 16　4 + 8 = 12
   9 + 7 = 16　8 + 4 = 12

   7 + 12 = 19　5 + 14 = 19
   12 + 7 = 19　14 + 5 = 19

2. 4 + 3 = 7　5 + 2 = 7　6 + 4 = 10
   3 + 4 = 7　2 + 5 = 7　4 + 6 = 10

   8 + 6 = 14　9 + 4 = 13　7 + 5 = 12
   6 + 8 = 14　4 + 9 = 13　5 + 7 = 12

Seite 43:

1. 4 + 3 = 7 7 + 3 = 10
14 + 3 = 17 17 + 3 = 20

2. 1 + 2 = 3 5 + 3 = 8 4 + 6 = 10
11 + 2 = 13 15 + 3 = 18 14 + 6 = 20

3 + 4 = 7 8 + 2 = 10 6 + 3 = 9
13 + 4 = 17 18 + 2 = 20 16 + 3 = 19

3. 13 + 6 = 19 12 + 7 = 19
3 + 6 = 9 2 + 7 = 9

Seite 45:

1. 1 + 2 = 3, 9 + 1 = 10, 2 + 2 = 4,
7 + 2 = 9, 8 + 2 = 10, 3 + 5 = 8,
4 + 4 = 8, 7 + 1 = 8, 6 + 2 = 8,
6 + 3 = 9, 3 + 4 = 7, 5 + 5 = 10,
3 + 3 = 6, 5 + 2 = 7, 4 + 1 = 5,
1 + 1 = 2, 7 + 3 = 10, 8 + 1 = 9,
1 + 6 = 7, 4 + 5 = 9, 2 + 3 = 5

2. 7 + 4 = 11, 11 + 4 = 15, 9 + 9 = 18,
6 + 8 = 14, 7 + 6 = 13, 15 + 3 = 18,
9 + 4 = 13, 13 + 5 = 18, 6 + 6 = 12,
10 + 6 = 16, 9 + 8 = 17, 12 + 4 = 16,
12 + 7 = 19, 14 + 6 = 20, 18 + 2 = 20,
10 + 9 = 19, 8 + 8 = 16, 7 + 9 = 16,
16 + 3 = 19, 15 + 5 = 20, 12 + 6 = 18

Seite 47:

1. 1, 4, 7, 10, 13, 16, 19
5, 8, 11, 14, 17, 20
2, 5, 8, 11, 14, 17, 20

2. 3, 5, 7, 9, 11, 13, 15, 17
6, 8, 10, 12, 14, 16, 18, 20
7, 9, 11, 13, 15, 17, 19

3. [4] + 4 → [8] + 6 → [14] + 3 → [17]
[8] + 3 → [11] + 5 → [16] + 2 → [18]
[3] + 6 → [9] + 5 → [14] + 2 → [16]

Auswertung für den Bereich „Plusaufgaben" (Seiten 33 bis 48):

Trage deine Punkte ein, zähle sie zusammen, und schau nach, wie gut du bist!

Seite 33: ______ Seite 39: ______ Seite 45: ______

Seite 35: ______ Seite 41: ______ Seite 47: ______

Seite 37: ______ Seite 43: ______

Von insgesamt **224** Punkten habe ich ______ erreicht.

224 bis 187 Punkte:
Klasse! Du kannst schon sehr sicher addieren im Zahlenraum bis 20. Tauschaufgaben, Nachbaraufgaben und Verdoppelungen beherrscht du gut. Weiter so!

186 bis 147 Punkte:
Du machst beim Plusrechnen im Zahlenraum bis 20 nur wenige Fehler. Nutze noch öfter die Tausch- und Nachbaraufgaben als Rechentricks. Je häufiger du sie benutzt, umso leichter fällt es dir, diese Rechentricks beim Lösen von Aufgaben ganz selbstverständlich zu verwenden.

zu Auswertung für den Bereich „Plusaufgaben“

146 und weniger Punkte:
Fein! Du hast alle Aufgaben durchgearbeitet. Beim Plusrechnen im Zahlenraum bis 20 machst du noch einige Fehler. Schau dir die Zahlzerlegung bis 20 nochmal genau an. Male mit Kreide ein 20er-Feld auf den Bürgersteig. Denke dir Rechenaufgaben aus und geh die Aufgaben zu Fuß ab. Bei welcher Zahl stehst du, wenn du 9 + 6 rechnest? Übe häufig auch die Tausch- und Nachbaraufgaben, denn diese Rechentricks helfen dir. Möchtest du mit weiteren Aufgaben noch mehr Sicherheit gewinnen? Die Helden Hanna und Henri helfen dir im Heft: Die Mathe-Helden: Rechnen bis 20, 1. Klasse.

Seite 49:

1. a) Anna: 8, Eva: 8
   b) Anna 10, Eva: 10

2.

Zahl	2	8	6	10	4
Hälfte	1	4	3	5	2

Zahl	14	18	16	20	12
Hälfte	7	9	8	10	6

3. 16, 8, 4, 2, 1

Seite 51:

1. 10 − 1 = 9, 6 − 2 = 4, 7 − 2 = 5,
   9 − 3 = 6, 8 − 1 = 7, 3 − 2 = 1,
   5 − 2 = 3, 3 − 1 = 2

2. 7 − 3 = 4, 6 − 5 = 1, 9 − 3 = 6,
   3 − 2 = 1, 6 − 4 = 2, 8 − 4 = 4,
   5 − 1 = 4, 4 − 1 = 3, 8 − 3 = 5,
   7 − 6 = 1, 8 − 2 = 6, 6 − 3 = 3

3. 9 − 1 = 8   10 − 2 = 8   9 − 2 = 7
   9 − 2 = 7   10 − 4 = 6   8 − 3 = 5
   9 − 3 = 6   10 − 6 = 4   7 − 4 = 3
   9 − 4 = 5   10 − 8 = 2   6 − 5 = 1

Seite 53:

1. 11 − 5 = 6, 13 − 6 = 7
   (pro Aufgabe 2 Punkte)

2.

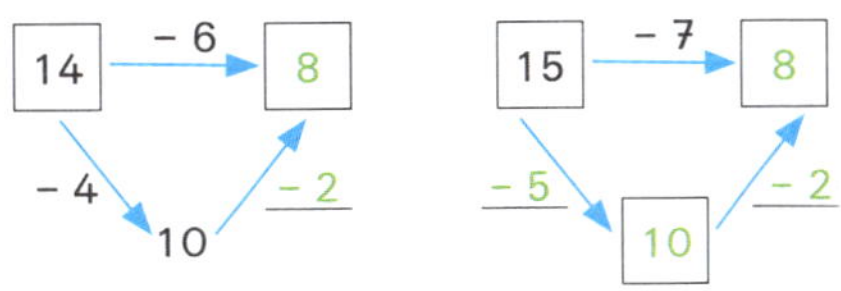

3. 12 − 3 = 9, 14 − 5 = 9, 17 − 9 = 8,
   13 − 7 = 6, 11 − 4 = 7, 13 − 5 = 8,
   16 − 8 = 8, 12 − 5 = 7, 15 − 8 = 7,
   12 − 6 = 6, 11 − 8 = 3, 13 − 9 = 4,
   12 − 4 = 8, 14 − 9 = 5, 16 − 9 = 7,
   18 − 9 = 9

Seite 55:

1. 10 − 7 = 3   11 − 6 = 5   16 − 8 = 8
   9 − 7 = 2   10 − 6 = 4   15 − 7 = 8
   8 − 7 = 1   9 − 6 = 3   14 − 6 = 8

2. 13 − 4 = 9   15 − 4 = 11
   13 − 5 = 8   15 − 5 = 10
   13 − 6 = 7   15 − 6 = 9

3. 16 − 5 = 11   13 − 3 = 10
   16 − 6 = 10   13 − 4 = 9
   16 − 7 = 9   13 − 5 = 8

Seite 57:

1. 6 − 3 = 3   8 − 5 = 3
   16 − 3 = 13   18 − 5 = 13

3. 18 − 7 = 11   19 − 7 = 12
   8 − 7 = 1   9 − 7 = 2

2. 9 − 2 = 7   5 − 2 = 3   7 − 6 = 1
   19 − 2 = 17   15 − 2 = 13   17 − 6 = 11

   4 − 3 = 1   8 − 4 = 4   3 − 3 = 0
   14 − 3 = 11   18 − 4 = 14   13 − 3 = 10

Seite 59:

1. 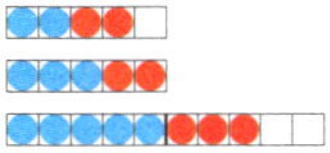
   2 + 2 = 4, (pro Aufgabe 2 Punkte)
   3 + 2 = 5,
   5 + 3 = 8

2. 6 + 4 = 10, 5 + 5 = 10, 3 + 7 = 10, 2 + 8 = 10, 4 + 6 = 10, 8 + 2 = 10, 9 + 1 = 10, 1 + 9 = 10, 7 + 3 = 10

3. 10 + 10 = 20, 11 + 5 = 16, 8 + 4 = 12, 7 + 8 = 15, 12 + 8 = 20, 9 + 8 = 17, 5 + 6 = 11, 6 + 10 = 16, 13 + 7 = 20, 16 + 3 = 19, 8 + 6 = 14, 15 + 5 = 20

Seite 61:

1. 8 − 5 = 3, 9 − 2 = 7, 10 − 5 = 5, 5 − 3 = 2, 8 − 6 = 2, 7 − 6 = 1, 6 − 4 = 2, 10 − 3 = 7, 9 − 4 = 5, 4 − 2 = 2, 7 − 4 = 3, 5 − 2 = 3

2. 20 − 7 = 13, 19 − 5 = 14, 20 − 8 = 12, 15 − 4 = 11, 13 − 2 = 11, 18 − 5 = 13, 18 − 6 = 12, 17 − 6 = 11, 19 − 7 = 12, 14 − 3 = 11, 20 − 3 = 17, 20 − 5 = 15

3. 13 − 6 = 7, 12 − 4 = 8, 16 − 8 = 8, 15 − 6 = 9, 14 − 7 = 7, 18 − 9 = 9, 11 − 4 = 7, 11 − 6 = 5, 13 − 5 = 8, 14 − 8 = 6, 13 − 4 = 9, 17 − 9 = 8

Auswertung für den Bereich „Minusaufgaben“ (Seiten 49 bis 62):

Trage deine Punkte ein, zähle sie zusammen, und schau nach, wie gut du bist!

Seite 49: ______ Seite 55: ______ Seite 61: ______

Seite 51: ______ Seite 57: ______

Seite 53: ______ Seite 59: ______

Von insgesamt **178** Punkten habe ich ______ erreicht.

178 bis 149 Punkte:
Eine tolle Leistung! Du kannst sicher Minusaufgaben im Zahlenraum bis 20 rechnen. Riesen- und Zwergenaufgaben, Nachbaraufgaben und Halbierungen beherrscht du gut.

148 bis 117 Punkte:
Prima gemacht. Du machst beim Rechnen von Minusaufgaben im Zahlenraum bis 20 nur wenige Fehler. Nutze noch häufiger die Riesen- und Zwergenaufgaben und die Nachbaraufgaben als Rechentricks.

zu Auswertung für den Bereich „Minusaufgaben“

116 und weniger Punkte:
Du hast es geschafft! Beim Rechnen von Minusaufgaben im Zahlenraum bis 20 machst du aber noch einige Fehler. Schau dir die Zahlzerlegung bis 20 noch einmal an und übe die Riesen- und Zwergenaufgaben. Nimm dir Bausteine und denke dir eigene Minusaufgaben aus. Rechne zum Beispiel 17 – 9: Lege 17 Bausteine auf den Tisch, nimm zuerst 7 und dann 2 Bausteine davon weg. Wie viele Bausteine bleiben übrig? Möchtest du mit weiteren Aufgaben noch mehr Sicherheit gewinnen? Die Helden Hanna und Henri helfen dir im Heft: Die Mathe-Helden: Rechnen bis 20, 1. Klasse.

Seite 63:

1.
9 – 6 = 3   12 – 4 = 8   8 – 5 = 3
3 + 6 = 9   8 + 4 = 12   3 + 5 = 8

11 – 5 = 6   9 – 5 = 4   6 – 4 = 2
6 + 5 = 11   4 + 5 = 9   2 + 4 = 6

2.
13 – 6 = 7   15 – 3 = 12
7 + 6 = 13   12 + 3 = 15

14 – 5 = 9   20 – 7 = 13
9 + 5 = 14   13 + 7 = 20

16 – 9 = 7   11 – 7 = 4
7 + 9 = 16   4 + 7 = 11

20 – 10 = 10   13 – 4 = 9
10 + 10 = 20   9 + 4 = 13

Seite 65:

1.
10 / 6 4 / 2 4 0
10 / 2 8 / 1 1 7
10 / 3 7 / 1 2 5
10 / 5 5 / 4 1 4

2.
18 / 10 8 / 2 8 0
16 / 11 5 / 8 3 2
20 / 6 14 / 1 5 9
20 / 13 7 / 11 2 5

Seite 67:

1.
10 | 6 / 4 2 | 8 | 6
10 | 2 / 8 4 | 6 | 12
10 | 8 / 2 8 | 16 | 10
8 | 6 / 2 4 | 10 | 6
10 | 7 / 3 2 | 9 | 5
7 | 2 / 5 1 | 3 | 6

2.
18 | 6 / 12 1 | 7 | 13
10 | 6 / 4 14 | 20 | 18
17 | 8 / 9 2 | 10 | 11

Seite 69:

1.

+3 →, +2 ↓

0	3	6
2	5	8
4	7	10

+4 →, +3 ↓

0	4	8
3	7	11
6	10	14

2.

+5 →, +1 ↓

0	5	10
1	6	11
2	7	12

+3 →, +6 ↓

2	5	8
8	11	14
14	17	20

Seite 71:

1. (je Aufgabe 2 Punkte)
   4 + 2 + 1 + 3 − 1 − 2 = 7
   3 + 2 + 4 − 3 − 2 − 1 = 3

2. (je Aufgabe 2 Punkte)
   15 + 4 − 3 + 4 − 10 − 4 = 6
   14 − 3 + 5 − 8 + 2 + 4 = 14

3. (je Aufgabe 3 Punkte)
   8 − 7 + 10 − 2 + 9 − 6 + 3 − 4 + 8 − 3 − 7 − 2 + 1 − 4 = 4
   11 + 8 − 5 − 3 − 4 + 8 + 2 − 6 + 2 + 5 − 5 − 6 − 2 + 8 = 13

Seite 73:

1. 7: ungerade, 4: gerade,
   14: gerade, 11: ungerade

3. 4 + 2 = 6: gerade 13 − 4 = 9: ungerade
   3 + 5 = 8: gerade 17 − 6 = 11: ungerade

2. gerade Zahlen (grün eingekreist): 2, 14, 4, 2, 8, 6, 16, 20, 18
   ungerade Zahlen (blau eingekreist): 11, 9, 1, 19, 3, 5, 17, 15, 7

Seite 75:

1. 5 + 9 = 14 6 + 9 = 15 11 − 9 = 2
   5 + 10 = 15 6 + 10 = 16 11 − 10 = 1

2. 8 + 12 = 20 2 + 17 = 19 6 + 13 = 19
   12 + 8 = 20 17 + 2 = 19 13 + 6 = 19

3. 7 + 9 = 16 12 + 8 = 20
   + 1 − 1 − 2 + 2
   8 + 8 = 16 10 + 10 = 20

Seite 77:

1. 9 − 6 = 3, 8 + 2 = 10, 10 − 3 = 7, 4 + 4 = 8, 10 − 4 = 6, 7 + 2 = 9, 7 − 4 = 3, 6 + 2 = 8

2. 16 − 5 = 11, 11 + 5 = 16, 20 − 9 = 11, 10 + 4 = 14, 19 − 7 = 12, 14 + 6 = 20,
   13 − 2 = 11, 19 + 1 = 20, 12 − 2 = 10, 10 + 8 = 18, 16 − 4 = 12, 15 + 3 = 18

3. 12 − 5 = 7, 8 + 6 = 14, 17 − 9 = 8, 9 + 6 = 15, 15 − 7 = 8, 5 + 9 = 14, 11 − 8 = 3,
   6 + 7 = 13, 11 − 4 = 7, 8 + 7 = 15, 14 − 7 = 7, 8 + 5 = 13

Auswertung für den Bereich „Plus- und Minusaufgaben“ (Seiten 63 bis 78):

Trage deine Punkte ein, zähle sie zusammen, und schau nach, wie gut du bist!

Seite 63: ________ Seite 69: ________ Seite 75: ________

Seite 65: ________ Seite 71: ________ Seite 77: ________

Seite 67: ________ Seite 73: ________

Von insgesamt **240** Punkten habe ich ____ erreicht.

zu Auswertung für den Bereich „Plus- und Minusaufgaben"

240 bis 200 Punkte:
Fantastisch! Du kannst schon sehr sicher im Zahlenraum bis 20 plus- und minusrechnen. Du weißt, was gerade und ungerade Zahlen sind und kannst Nachbar- und Tauschaufgaben sicher als Rechenstrategien anwenden.

199 bis 157 Punkte:
Du bist auf dem besten Weg, ein Rechenheld oder eine Rechenheldin zu werden. Du rechnest schon recht sicher im Zahlenraum bis 20. Bei einige Aufgaben hast du noch ein wenig Probleme. Übe nochmal die Zahlzerlegungen und nutze Tausch- und Nachbaraufgaben zum sicheren Rechnen.

156 und weniger Punkte:
Einige Plus- und Minusaufgaben rechnest du schon fehlerfrei. Manche bereiten dir aber noch Schwierigkeiten. Übe sie zunächst noch einmal einzeln. Denke daran, was beim Plusrechnen wichtig ist und worauf du beim Minusrechnen achten musst. Schreibe dir dann selbst verschiedene Aufgaben auf kleine Zettel, drehe sie um und mische sie. Löse sie dann in der Reihenfolge, in der du sie aufdeckst. Wenn du bei jeder Aufgabe an die wichtigsten Regeln denkst, dann kannst du bald Plus- und Minusaufgaben auch bunt durcheinander lösen. Möchtest du mit weiteren Aufgaben noch mehr Sicherheit gewinnen? Die Helden Hanna und Henri helfen dir im Heft: Die Mathe-Helden: Rechnen bis 20, 1. Klasse.

Seite 79:

1. 11 Cent, 5 Cent, 17 Cent
   5 Euro, 15 Euro, 20 Euro
2. Rechnung: 10 € + 1 € + 2 € + 2 € + 5 € = 20 € (6 Punkte)
   (Die Puppe kostet 18 €, also bleiben 2 € übrig.)
   Antwort: Eva hat genügend Geld für die Puppe. (1 Punkt)

Seite 81:

1. Rechnung:
   Paul: 2 € + 2 € + 5 € = 9 € (4 Punkte)
   Emilio: 1 € + 5 € + 5 € = 11 € (4 Punkte)
   Antwort: Emilio hat mehr Geld in der Geldbörse. (1 Punkt)

2. Rechnung:
   Paul: 2 € + 2 € + 1 € + 1 € = 6 € (5 Punkte)
   Emilio: 2 € + 2 € + 2 € + 1 € = 7 € (5 Punkte)
   Antwort: Paul muss 6 € und Emilio 7 € bezahlen. (1 Punkt)

Seite 83:

1. Rechnung: 6 (Mädchen) + 3 (Jungen) + 1 (Sina selbst) = 10 (4 Punkte)
   Antwort: Sina muss 10 Teller bereitstellen. (1 Punkt)

2. Antwort: Insgesamt muss sie 20 Messer und Gabeln austeilen. (10 Messer + 10 Gabeln)

3. Rechnung: 10 − 5 = 5 (3 Punkte)
   Antwort: Es sind noch 5 Kinder im Haus. (1 Punkt)

zu Seite 83

4. Rechnung: 10 Flummis für 10 Kinder: 1 Flummi pro Kind. (1 Punkt)
20 Bildkarten für 10 Kinder: 20 Bildkarten halbieren = 2 Bildkarten pro Kind. (2 Punkte)
1 (Flummi) + 2 (Bildkarten) = 3 Geschenke (2 Punkte)
Antwort: Jedes Kind bekommt 3 Geschenke. (1 Punkt)

Seite 85: (je Zeiger 1 Punkt)

1. 

2. 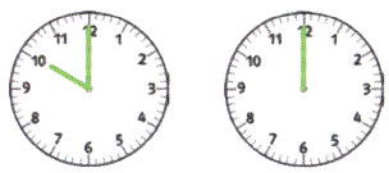

3. Zeige deine Lösung einem Erwachsenen. Beispiel:

Seite 87:

1.

Schule	Spielen mit Freunden	Fußballtraining
4 Stunden	2 Stunden	1 Stunde

(je Angabe 2 Punkte)

2. a) Es dauert 1 Stunde.
b) Sie dauert 7 Stunden.
(je Antwort 2 Punkte)

3.

Heute	2 Tage später	4 Tage später
Montag	Mittwoch	Freitag
Mittwoch	Freitag	Sonntag
Freitag	Sonntag	Dienstag

Seite 89:

1. Ein Jahr hat 12 Monate.
Ein halbes Jahr hat 6 Monate.
Eine Woche besteht aus 7 Tagen.
Ein Monat hat ungefähr 4 Wochen.

2.

1	Januar
2	Februar
3	März
4	April
5	Mai
6	Juni

7	Juli
8	August
9	September
10	Oktober
11	November
12	Dezember

3. März bis Mai 3 Monate,
Juli bis November 5 Monate
(je Angabe 2 Punkte)

Auswertung für den Bereich „Sachaufgaben / Textaufgaben und Größen" (Seiten 79 bis 90):

Trage deine Punkte ein, zähle sie zusammen, und schau nach, wie gut du bist!

Seite 79: ______ Seite 83: ______ Seite 87: ______ Seite 89: ______

Seite 81: ______ Seite 85: ______

Von insgesamt **96** Punkten habe ich ______ erreicht.

zu Auswertung für den Bereich „Sachaufgaben / Textaufgaben und Größen"

96 bis 81 Punkte:
Du kannst sehr gut Sachaufgaben mit Euro und Cent lösen. Die Uhrzeiten und Zeitspannen beherrscht du ebenso. Du weißt wie viel Tage eine Woche hat und wie viele Monate ein Jahr. Du bist ein echter Sachaufgabenprofi. Super!

80 bis 63 Punkte:
Du bist schon recht sicher im Umgang mit Euro und Cent. Auch bei Uhrzeiten und Zeitspannen machst du kaum Fehler. Du kennst die Monate und Wochentag. Manchmal machst du noch kleine Fehler. Sieh dir nochmal die Tipps auf der Rückseite an und übe weiter, dann wirst du zum echten Sachaufgabenhelden oder zur Sachaufgabenheldin.

62 und weniger Punkte:
Einige Sachaufgaben zu den Themen Euro und Cent, Tage, Wochen und Monate, Uhrzeiten und Zeitspannen hast du schon toll bearbeitet. Sieh nach, welche Aufgaben dir nicht so leicht gefallen sind. Ist es das Rechnen mit Geld? Dann leere dein Taschengeld auf den Tisch. Probier einmal aus, ob du genug Cent-Stücke zusammen bekommst, damit du sie bei deinen Eltern gegen eine Euro-Münze eintauschen kannst! Wenn du noch Schwierigkeiten mit der Uhr hast, frag deine Eltern nach einer alten Uhr. Lass dir von ihnen verschiedene Uhrzeiten sagen und stelle die Zeiger selbst in die richtige Stellung. Wenn du keine Uhr zur Hand hast, kannst du dir auch eine Uhr malen und die Zeiger einzeichnen. Oder hast du noch Schwierigkeiten eine Sachaufgabe zu verstehen? Lies den Text einer Sachaufgabe mehrmals langsam, bis du ihn verstanden hast.

Seite 91:

1. Das Quadrat hat 4 Ecken. Es hat 4 Seiten. Alle Seiten sind gleich lang.
   Ein Dreieck hat 3 Ecken. Es hat 3 Seiten.
   Ein Rechteck hat 4 Ecken. Es hat 4 Seiten. Immer zwei gegenüberliegende Seiten sind gleich lang.
2. Quadrate: 6, Dreiecke: 3, Rechtecke: 6

Seite 93:

1.
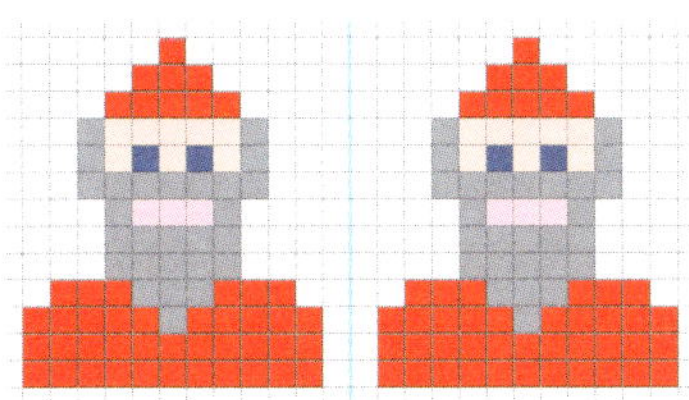

2.

Seite 95:

1. 

2. 

Seite 97:

1. Schnecke: 2 cm, Ameise: 5 cm, Käfer: 4 cm
2. Schmetterling: 5 cm, Ameise: 1 cm, Ratte: 10 cm, Kaninchen: 20 cm
3. Biber: ______
   Spinne: ______
   Schmetterling: ______

Seite 97:

1. 

2. 

3. 

Auswertung für den Bereich „Raum und Form (Geometrie)“ (Seiten 91 bis 100):

Trage deine Punkte ein, zähle sie zusammen, und schau nach, wie gut du bist!

Seite 91: ______ Seite 95: ______ Seite 99: ______

Seite 93: ______ Seite 97: ______

Von insgesamt **78** Punkten habe ich erreicht.

78 bis 66 Punkte:
Das hast du fabelhaft gemacht! Du kennst die Eigenschaften von Quadraten, Rechtecken und Dreiecken und du hast keine Probleme rechts und links zu unterscheiden.

zu Auswertung für den Bereich „Raum und Form (Geometrie)"

65 bis 52 Punkte:
Du bist schon richtig gut und kennst dich schon ganz prima mit Quadraten, Rechtecken und Dreiecken aus. Auch bei der Unterscheidung von rechts und links machst du kaum Fehler. Vielleicht hast du manchmal zu hastig gearbeitet oder warst etwas unkonzentriert. Nimm dir für alle Aufgaben immer genug Zeit! Übe noch ein wenig, dann schaffst du alle Aufgaben fehlerfrei.

51 und weniger Punkte:
Einige wichtige Eigenschaften von Quadraten, Rechtecken und Dreiecken kennst du schon ganz gut. Schau dir aber nochmal genau an, wie viele Ecken und Seiten die einzelnen Formen haben. Übe fleißig, wo rechts und links ist. Diese Fähigkeit brauchst du fast überall. Mit ein bisschen Übung wird sich das aber sicher bald ändern. Geometrische Formen begegnen dir überall im Alltag. Schilder und Plakate im Bus, in der Bahn, auf der Straße, in der Schule. Leg dir einen Block an, in dem du verschiedene Formen „sammelst". Du kannst Fotos machen oder aber auch selbst zum Stift greifen und malen. Was meinst du wie viele quadratische Straßenschilder es gibt? Und wenn du schon dabei bist, kannst du deine Ergebnisse auch gleich spiegeln. Bist du dir unsicher? Dann leih dir einfach einen kleinen Spiegel von deinen Eltern aus und schau dir das Ergebnis schon mal an. Leg dann den Spiegel weg und versuch es selbst.

Seite 101: (je Antwort 2 Punkte)

1. a) Schwimmen und Turnen
   b) 3 Jungen machen keinen Sport.
2. a) 4 Kinder machen insgesamt keinen Sport.
   b) 12 Jungen machen Sport.

Seite 103:

1. a) Falsch, b) Wahr, c) Falsch

2.

	Pizza	Pommes	Spaghetti
Mädchen	6	5	3
Jungen	10	8	4

Auswertung für den Bereich „Daten sammeln" (Seiten 101 bis 104):

Trage deine Punkte ein, zähle sie zusammen, und schau nach, wie gut du bist!

Seite 101: ________ Seite 103: ________

Von insgesamt 17 Punkten habe ich ______ erreicht.

17 bis 15 Punkte:
Du kannst schon sehr gut Informationen aus Tabellen und Diagrammen entnehmen. Super!

zu Auswertung für den Bereich „Daten sammeln“

14 bis 12 Punkte:
Du kannst schon viele Informationen aus Tabellen und Diagrammen entnehmen. Lies Daten mehrmals langsam und genau ab, bis du dir sicher bist. Dann wirst du noch besser.

11 und weniger Punkte:
Du hast es geschafft! Manchmal unterlaufen dir aber noch einige Fehler beim Ablesen von Informationen aus Diagrammen und Tabellen. Mach die Aufgaben nochmal, dann wirst du immer besser. Sieh dir die Sport-Ergebnistabelle deiner Lieblingssportart online an. Auf welchem Platz steht dein Lieblingssportler oder -verein? Oder geh zum Bahnhof und lies den Fahrplan. Wann fährt der nächste Zug? Nutze jede Gelegenheit, denn Übung macht den Helden und die Heldin!

Seite 105:

1. a) möglich, b) sicher, c) unmöglich
2. Diese Kombinationen gibt es für die 7:
   1 + 6, 2 + 5, 3 + 4 (3 Punkte)
   Diese Kombinationen gibt es für die 4:
   1 + 3, 2 + 2 (2 Punkte)
   Antwort: Bei der 7 gibt es 3 und bei der 4 nur 2 Kombinationen. (1 Punkt)

Seite 107: (je Aufgabe 3 Punkte)

1.  ☒

2.  ☒

Seite 109:

1. Kopf  ☒ Zahl  ☒
2. a) möglich, b) unmöglich, c) sicher
3.

1	2	3

Auswertung für den Bereich „Zufall und Wahrscheinlichkeit“ (Seiten 105 bis 110):

Trage deine Punkte ein, zähle sie zusammen, und schau nach, wie gut du bist!

Seite 105: ______ Seite 107: ______

Seite 109: ______

Von insgesamt **26** Punkten habe ich ______ erreicht.

26 bis 23 Punkte:
Du kennst dich schon sehr gut mit Zufall und Wahrscheinlichkeit aus. Du kannst sicher einschätzen, ob etwas sicher, möglicherweise oder unmöglich passieren kann. Bei Glücksspielen legt dich keiner rein. Super!

zu Auswertung für den Bereich „Zufall und Wahrscheinlichkeit“

22 bis 18 Punkte:
Du kennst dich schon recht gut mit Zufall und Wahrscheinlichkeit aus. Meistens kannst du gut einschätzen, ob etwas sicher, möglicherweise oder unmöglich passieren kann. Sieh dir nochmal die Tipps auf der Rückseite an, dann wirst du noch sicherer.

17 und weniger Punkte:
Manchmal hast du noch Schwierigkeiten richtig einzuschätzen, ob etwas sicher, möglicherweise oder unmöglich passieren kann. Schau dir die Aufgaben noch einmal genau an und probiere die Tipps auf der Rückseite aus. Spiele viele Würfelspiele mit zwei Würfeln. Denke dir eigene Rätsel aus und beantworte sie: Wie wahrscheinlich ist es, dass morgen früh die Sonne aufgeht? Wie wahrscheinlich ist es, dass du heute Abend eine Sternschnuppe siehst? Welche Rätsel fallen dir ein?

Seite 111:

1. 1, 2, 3, 4, 5, 6, 7
   1, 3, 5, 7, 9, 11, 13
   2, 4, 6, 8, 10, 12, 14
2. 1, 4, 7, 10, 13, 16 (Regel: Immer + 3)
   17, 15, 13, 11, 9, 7 (Regel: Immer − 2)
   0, 4, 8, 12, 16, 20 (Regel: Immer + 4)
3. 

Seite 113:

1. Antwort: Das Ergebnis ist immer 15.
2.

8	3	4
1	5	9
6	7	2

4	9	2
3	5	7
8	1	6

Seite 115:

1. a) 9 + 4 = 13, b) 17 − 6 = 11, c) 6, d) 14
2. 5 + 8 − 3 = 10, Die Hälfte von 10 ist 5.
   5 + 4 = 9

Seite 117:

1. 4 + 6 = 10, 9 + 9 = 18, 14 + 6 = 20,
   11 + 8 = 19, 7 − 5 = 2, 20 − 8 = 12,
   16 − 7 = 9, 15 − 4 = 11
2. 5 + 5 = 10, 7 + 7 = 14, 6 + 6 = 12,
   8 + 8 = 16, 8 − 4 = 4, 12 − 6 = 6,
   20 − 10 = 10, 18 − 9 = 9
3. 1 + 1 + 2 = 4, 3 + 3 + 3 = 9, 12 − 2 − 2 − 2 = 6, 15 − 4 − 4 − 4 = 3
   (je Rechnung 2 Punkte)

Seite 119:

1. 3 + 7 = 10 oder 7 + 3 = 10,
   4 + 6 = 10 oder 6 + 4 = 10,
   2 + 8 = 10 oder 8 + 2 = 10
2. 3 + 5 + 4 + 6 = 18, 3 + 3 + 6 + 6 = 18,
   5 + 5 + 8 = 18
3. 20 − 5 − 3 = 12, 15 − 2 − 1 = 12,
   19 − 7 = 12

Seite 121:

1.

1	2	3	4
4	3	2	1
3	4	1	2
2	1	4	3

1	2	3	4
3	4	1	2
2	1	4	3
4	3	2	1

2.

3	4	1	2
2	1	4	3
1	2	3	4
4	3	2	1

4	3	2	1
2	1	3	4
1	2	4	3
3	4	1	2

Auswertung für den Bereich „Knobeln“ (Seiten 111 bis 121):

Trage deine Punkte ein, zähle sie zusammen, und schau nach, wie gut du bist!

Seite 111: ________ Seite 115: ________ Seite 119: ________

Seite 113: ________ Seite 117: ________ Seite 121: ________

Von insgesamt **131** Punkten habe ich ________ erreicht.

131 bis 110 Punkte:
Du bist ein richtiger Knobelweltmeister. Es macht dir Spaß, schwierige Aufgaben zu bearbeiten. Du gibst nicht auf und du findest die richtigen Lösungswege. Klasse!

109 bis 86 Punkte:
Du knobelst schon richtig gut. Auch wenn es schwierig wird, gibst du nicht sofort auf und dir fallen meist Lösungswege ein. Knobelaufgaben und Sudokus wie in diesem Block findest du auch in Apps, Zeitungen oder Zeitschriften. Nutze jede Gelegenheit, die sich bietet, um noch fitter zu werden. Aber aufgepasst! Wer knobelt, muss sich immer unglaublich gut konzentrieren – also lass dich nicht ablenken!

85 und weniger Punkte:
Manchmal fallen dir Knobelaufgaben noch etwas schwer. Versuche auch dann weiter zu überlegen, wenn dir die Lösung nicht sofort einfällt. Bei Knobelaufgaben ist nur sicherer Umgang mit Zahlen gefragt und das hast du schon gut geübt. Überlege dir bei Knobelaufgaben, was du eigentlich herausfinden möchtest und welche Schritte du brauchst, um zu einem Ergebnis zu gelangen. Fange bei einfachen Aufgaben an, zum Beispiel mit einem Sudoku, in dem schon ganz viele Zahlen vorgegeben sind. Nach und nach wirst du dann immer kniffligere Aufgaben lösen können.

Gesamtauswertung für diesen Testblock

1276 bis 1060 Punkte:
Das ist eine super Leistung! Du bist ganz sicher im Rechnen und darfst stolz auf dich sein. Hanna und Henri gratulieren dir! Hast du Lust auf weitere kniffelige Mathe-Aufgaben? Dann fordern dich Hanna und Henri in diesem Heft heraus: Die Mathe-Helden: Knobelaufgaben für Mathe-Helden, 1 Klasse.

1059 bis 830 Punkte:
Du hast dir viel Mühe gegeben und gut gearbeitet. Darum hast du die meisten Aufgaben richtig gelöst. Das zeigt, dass du das Rechnen verstanden hast. Manchmal haben sich aber Rechenfehler eingeschlichen. Da warst du vielleicht etwas unkonzentriert. Hast du die Aufgabenstellung gründlich gelesen? Lass dir dazu Zeit. Überprüfe die Aufgabe immer zunächst gründlich und rechne erst dann. Dann wirst du einige Fehler bestimmt nicht mehr machen.

829 und weniger Punkte:
Fein, dass du durchgehalten hast! Auch wenn du das Rechnen gut gelernt hast, kannst du es bei einigen Aufgabenarten noch nicht sicher anwenden. Schau nach, ob es ähnliche Aufgaben sind, bei denen du Fehler gemacht hast. Schreibe dir einige Aufgaben ab und übe sie nochmals. Hast du die Tipps auf den Rückseiten gelesen? Die helfen dir weiter. Wenn du täglich einige Minuten übst, ist das besser und du hast schnelleren Erfolg, als wenn du selten und lange übst. Falls du bei den Aufgabenarten mal richtig und mal falsch gerechnet hast, warst du wahrscheinlich unkonzentriert. Hast du die Aufgabenstellung beachtet? Um besser zu werden, kannst du viele praktische Gelegenheiten zum Rechnen nutzen: zum Beispiel beim Backen und Kochen (abwiegen und zählen), beim Einkaufen (Geld zählen, Preise ausrechnen), im Garten oder Hobbykeller (messen und schätzen). Kopf hoch – es ist noch kein Held und keine Heldin vom Himmel gefallen! Und Übung macht den Helden und die Heldin – auch beim Rechnen. Wenn du Spaß hast, mit Hanna und Henri zu üben, dann sind diese Hefte richtig für dich: Die Mathe-Helden: Rechnen bis 20, 1. Klasse. Die Mathe-Helden Kopfrechnen, 1. Klasse.

Rätsel

Male nach jedem Test das Feld in der passenden Farbe aus und zeige dem Tierpfleger das entlaufene Tier.

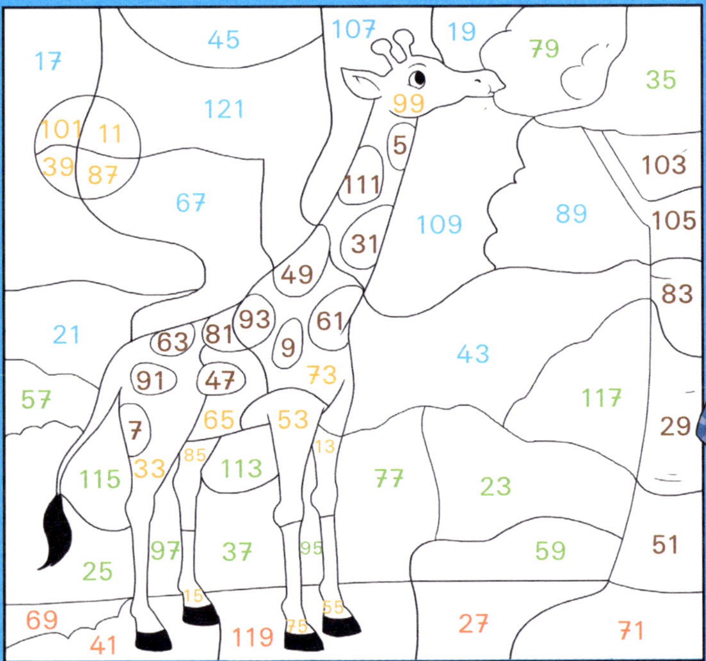

Das kannst du alles mit den Helden lernen:

Deutsch

ABC und Schwungübungen
1. Klasse, ISBN 978-3-12-949383-0

Lesen und schreiben
1. Klasse, ISBN 978-3-12-949413-4

Texte flüssig lesen und verstehen
2. Klasse, ISBN 978-3-12-949422-6

Rechtschreiben und Diktat
2. Klasse, ISBN 978-3-12-949414-1

Aufsatz
3. Klasse, ISBN 978-3-12-949415-8

Diktate
3./4. Klasse, ISBN 978-3-12-949423-3

Aufsatz
4. Klasse, ISBN 978-3-12-949416-5

Grammatik
4. Klasse, ISBN 978-3-12-949542-1

Deutsch-Tests
3. Klasse, ISBN 978-3-12-949648-0

Deutsch-Tests
4. Klasse, ISBN 978-3-12-949650-3

Mathe

Rechnen bis 20
1. Klasse, ISBN 978-3-12-949417-2

Rechnen bis 100
2. Klasse, ISBN 978-3-12-949424-0

Rechengeschichten und Textaufgaben
2. Klasse, ISBN 978-3-12-949541-4

Das kleine Einmaleins
2./3. Klasse, ISBN 978-3-12-949418-9

Rechnen bis 1000
3. Klasse, ISBN 978-3-12-949384-7

Textaufgaben / Sachaufgaben
3. Klasse, ISBN 978-3-12-949419-6

Textaufgaben / Sachaufgaben
4. Klasse, ISBN 978-3-12-949421-9

Rechnen bis 1 Million
4. Klasse, ISBN 978-3-12-949425-7

Mathe-Tests
3. Klasse, ISBN 978-3-12-949652-7

Mathe-Tests
4. Klasse, ISBN 978-3-12-949651-0

Klett

Mehr Infos im Buchhandel und unter **www.klett-lerntraining.de**